SHIJIE ZHENXI MUCAI YU ZHIPIN JIANSHANG

世界珍稀木材与制品

鉴赏

杨文广　编著

云南出版集团
云南美术出版社

杨文广，男，彝族，1958年4月19日生，云南漾濞彝族自治县人。云南师范大学经济分析与管理硕士研究生、澳门科技大学博士学位、高级职业经理人。1980年～1991年在云南漾濞彝族自治县县委和顺濞乡党委任领导工作。1991年～1993年任云南省林业厅瑞丽云林商号总经理。1993年在缅甸瓦城和仰光，老挝沙湾拿吉，越南河内和北宁，中国云南、广西、广东、上海和北京从事珍稀、名贵木材和红木家具的进口、生产、营销和研究。

写在前面的话

2013年《中国国标红木家具》《中国国标红木家具用材》和《东南亚常用名优木材》三本书投放市场后，反响很好。读者提出了很多前书中没有提到或没有深入探讨而读者和红木爱好者又颇关心的问题。本来作者工作十分繁忙，很难抽出时间来写，但是面对读者的疑惑和当前红木家具市场让人忧虑的混乱状况，作者认为，要解决这些问题，除了维护和认真执行《红木》国家标准，加强红木市场的制度化和标准化管理以外，还必须多有一些系统性介绍《红木》国家标准的相关书籍加以理论性引导。同时为了满足广大红木家具收藏、爱好者对红木、红木家具和珍稀木材及制品书籍的需求，并对读者提出的问题进行解答，作者才下决心抽出时间编写了这本《世界珍稀木材与制品鉴赏》。

红木从古至今作为珍贵的木材，一直被上至宫廷下至平常百姓所喜爱。用红木制作的红木家具久远的历史沿袭、博厚的文化内涵、珍贵的木质材料、美观的纹理结构、精湛的制作工艺、古朴考究的设计样式以及它所蕴含的人文价值和欣赏价值，都是吸引众多收藏爱好者不惜重金而购置的原因。如今购买和收藏红木家具已不仅仅只是尊贵身份的象征，时代的发展又赋予新的含义，诸如投资、保值、升值等。被人们誉为"人文家具""艺术家具"的红木家具，其市场前景也越来越广阔。

但近几年蓬勃发展的红木家具市场，可谓是喜忧参半。喜的是，红木家具新款不断涌现，造型和工艺水平不断提高，消费者及收藏者越来越多，中国几百年的红木家具制造业不断发扬光大。忧的是，近些年来，古典明、清家具中的红木家具大放异彩，受到了越来越多收藏、爱好者的追捧，价格直线飙升，成为了继书画、陶瓷之后的第三大收藏品，本来这应该是一件好事，然而在巨大利益的驱使下，出现了令人痛心的现象：一是大量粗仿品充斥红木家具市场，以新充旧，以劣充好；二是出现了大量的做旧红木家具、假红木家具和掺假红木家具，造成了红木家具市场鱼目混珠，真假难辨。使不少红木家具爱好者上当受骗，蒙受了经济损失。有的出几万元高价买了做旧的只值几百元的柴木家具；有的出了真紫檀木的价钱买回了黑酸枝木家具；有的出了香枝木的高价买到了俗称"非洲黄花梨"的家具；而用了买缅甸花梨木的钱买到了"非洲花梨木"或出了条纹乌木的价买到了"榄仁木"家具的更是数不胜数。分析其红木家具市场出现这些现象的主要原因，是由于喜欢于红木家具的人群日益增多，其昂贵的价格，诱使一些厂商利欲熏心，利用人们喜欢但不了解红木家具这一心理，常常用假红木或亚红木家具冒充真正的红木家具，以便从中谋取暴利。因此，市场上假红木家具也占有相当的比例。这些做假的红木家具，其颜色基本以红色或红褐色为基调；密度也比较大，接近红木；木材纹理也近似红木，经后期处理后，的确与红木家具很难区别。尽管假红木家具和名副其实的红木家具外形上非常相像，但质量上却有着天壤之别。真正的红木树种生长速度极其缓慢，剖开木材你会发现材质极细而均匀，其材性稳定而不易变形，大多树种会散发淡淡的清香，而且分量很重，很多红木木材本身还具有防虫蛀、霉菌的机能；而假红木则成材快，材质粗，材性也欠稳定，和普通木材一样不具备防虫、防霉的机能。虽然这些假红木的密度也很大，但硬度却远不及红木，因此真假红木制成的家具的寿命，自然也不能同日而语，假的红木家具不可能世代相传。所以，挑选红木家具时一定要擦亮眼睛，辨清真伪，以免受骗上当。

为了让广大收藏者及爱好者对这几方面的知识有较为细致的了解，作者倾尽所学，就人们普遍关心的问题，进行了收集、整理并加以提炼和概括，在《世界珍稀木材与制品鉴赏》中围绕和紧扣《红木》国家标准和红木家具市场存在的混乱现象，以图文并茂的形式，直观、全面、系统地向读者介绍树种的学名、俗称、科、属、种类、产地、分布、特征、价值、鉴别方法和要点、木材现状和与其他相类似木材的区别等红木和珍稀树种方面的知识。就红木家具爱好者普遍关心的真假辨别方面的问题，本书主要从以下几方面予以阐述：

1.红木材料的真假最主要从材料的颜色、纹路、重量、气味和价格等方面来辨别，书中有细致的阐述，同时配附大量的图片辅佐说明，直观、易辨。

2.常见亚红木、假红木在市面上的参考售价。

3.在红木成品家具方面，书中主要从目前市面上常见的，具有代表性的仿古红木家具、现代红木家具两个方面做了介绍。

4.对于市面上常见的新家具做旧、亚红木家具及假红木家具所使用的树种、名称、规格等，本书也有大量做旧、亚红木和假红木家具的照片，供读者辨认时参考。

5.收录了红木家具在使用过程中注意事项和红木家具保养的相关知识。希望红木家具的消费者、爱好者、收藏投资者能从中得到有益的帮助。

此外，有读者提出想了解红木原材料的价格，由于近年红木原材料价格一直以倍数在增长、变化，所以经过长期调研分析，作者只能给读者介绍一下红木原材、非红木和亚红木原材的参考价，以及用这些原材料加工的产品目前市场的大致价格，仅供广大读者借鉴。

世界上最好的红木产于东南亚；世界上最大的红木家具生产基地在中国和东南亚；世界上最珍稀、最名贵的木材也主要产自东南亚一带。也就是说，本书介绍的内容和图片已包括了世界上的红木、红木家具和珍稀木材及制品的内容及图片，应该是世界性的红木、红木家具和珍稀木材及制品的综合性、知识性书籍。虽然不能说穷尽了与之相关的全部知识，但可以说，基本、主要的知识及答案在本书中能找到。

作者从事红木研究、红木家具生产和销售已二十多年，见证了这些年来中国红木家具的发展过程。凭借着多年积累的经验以及对红木家具发展状况的思考，编写了这本《世界珍稀木材与制品鉴赏》。期待这本书对红木和红木家具市场的健康发展能起到一点儿理论方面的指导作用。

目录

第1章　香枝木

第1节　香枝木概论
1.1　重点介绍越南香枝木的理由……………………………………3
1.2　香枝木主要产地和分类…………………………………………4
1.3　香枝木与其他相似木的对比图…………………………………12
1.4　香枝木种类与区别………………………………………………14
1.5　降香黄檀树名之来历……………………………………………16
1.6　越南香枝木也濒临绝迹…………………………………………16
1.7　香枝木的鉴别……………………………………………………17
1.8　海南香枝木与越南香枝木的区别………………………………17
1.9　香枝木与白酸枝、花梨木和"非洲黄花梨"的区别…………18
1.10　目前红木家具市场的香枝木主要来自越南……………………19
1.11　"草花梨"与"黄花梨"………………………………………21

第2节　香枝木与紫檀木对比
2.1　香枝木与紫檀木谁为第一………………………………………23
2.2　香枝木家具………………………………………………………24

第3节　红木知识
3.1　红木家具的历史源流和红木定义………………………………28
3.2　椅子的起源………………………………………………………28
3.3　床的演变过程……………………………………………………28
3.4　红木家具的发展趋势……………………………………………31
3.5　怎样识别红木家具的真假………………………………………32
3.6　怎样辨别真品与修复性的仿制红木家具………………………34
3.7　怎样鉴别作伪包浆………………………………………………34
3.8　怎样识别红木家具用材的优劣…………………………………36
3.9　怎样修理红木家具………………………………………………38
3.10　红木家具的四季保养……………………………………………38
3.11　红木家具保养"三要""八忌"………………………………39
3.12　红木家具要三思而后买…………………………………………39

第 2 章　紫檀木

第 1 节　紫檀木概论

第 2 节　紫檀木与其他红木对比
2.1　紫檀木木纹与其他红木木纹对比 45
2.2　紫檀木家具与其他红木家具对比 46
2.3　紫檀木浅谈 49
2.4　紫檀木与黑酸枝木的鉴别 50

第 3 节　紫檀木家具
3.1　檀木的种类和分类法 54
3.2　紫檀木和紫檀木家具的鉴别方法 55
3.3　老紫檀木家具的鉴别 56
3.4　新紫檀木家具的鉴别 57
3.5　紫檀木与大叶紫檀 58
3.6　紫檀木与卢氏黑黄檀的区别 59

第 4 节　红木知识
4.1　中国红木家具的两个重要时期 60
4.2　古典家具装饰特点 60
4.3　古典、仿古红木家具的价值主要看树种 61
4.4　仿古红木家具的市场状况 61
4.5　不同树种的红木家具价格比较 63
4.6　红木家具的收藏价值和享受价值 63
4.7　仿古红木家具升值快，有较好的收藏前景 66
4.8　如何收藏红木家具 67
4.9　红木家具收藏三忌 69

第 3 章　黑酸枝木和红酸枝木

第 1 节　黑酸枝木概论
1.1　黑酸枝木 73
1.2　黑酸枝木的种类 74
1.3　越南黑酸枝和黑黄檀的区别 75
1.4　刀状黑黄檀、黑黄檀和卢氏黑黄檀的六大区别 78
1.5　阔叶黄檀、亚马孙黑黄檀和伯利兹黑黄檀的六大区别 79

第 2 节　红酸枝木概论
2.1　红酸枝木 83
2.2　交趾黄檀的来历 85
2.3　交趾黄檀 86
2.4　红酸枝木的种类 88
2.5　红酸枝木和白酸枝木 89
2.6　巴里黄檀与奥氏黄檀 89
2.7　巴里黄檀和奥氏黄檀材质对比分析 91
2.8　交趾黄檀与微凹黄檀 91
2.9　交趾黄檀与微凹黄檀对比分析 92
2.10　"非洲酸枝"和"南美酸枝"不属于红木 93

第3节　红木知识

   3.1　红木、非红木和亚红木树种优劣、价格高低排列⋯⋯⋯⋯94
   3.2　树种和材质决定红木家具的价格⋯⋯⋯⋯⋯⋯⋯⋯⋯97
   3.3　红木按木质可分为四类⋯⋯⋯⋯⋯⋯⋯⋯⋯⋯⋯⋯101
   3.4　红木市场习惯将酸枝木分为黑、红、白三类⋯⋯⋯⋯⋯102
   3.5　非红木和亚红木家具的区别⋯⋯⋯⋯⋯⋯⋯⋯⋯⋯⋯102
   3.6　红木家具中的问题⋯⋯⋯⋯⋯⋯⋯⋯⋯⋯⋯⋯⋯⋯103
   3.7　长江三角洲地区俗称的红木家具⋯⋯⋯⋯⋯⋯⋯⋯⋯104
   3.8　精巧的明式家具⋯⋯⋯⋯⋯⋯⋯⋯⋯⋯⋯⋯⋯⋯⋯108
   3.9　富丽华贵的清式家具⋯⋯⋯⋯⋯⋯⋯⋯⋯⋯⋯⋯⋯109
   3.10　怎么"淘"红木家具⋯⋯⋯⋯⋯⋯⋯⋯⋯⋯⋯⋯⋯109
   3.11　苏式家具、京式家具和广式家具⋯⋯⋯⋯⋯⋯⋯⋯111
   3.12　现代别样的红木家具⋯⋯⋯⋯⋯⋯⋯⋯⋯⋯⋯⋯111
   3.13　古典家具主要用材比较⋯⋯⋯⋯⋯⋯⋯⋯⋯⋯⋯114
   3.14　正确看待越南红木家具⋯⋯⋯⋯⋯⋯⋯⋯⋯⋯⋯116
   3.15　明清家具纹饰比较⋯⋯⋯⋯⋯⋯⋯⋯⋯⋯⋯⋯⋯122
   3.16　常用的木雕技艺⋯⋯⋯⋯⋯⋯⋯⋯⋯⋯⋯⋯⋯⋯123
   3.17　判断木雕的收藏价值⋯⋯⋯⋯⋯⋯⋯⋯⋯⋯⋯⋯125
   3.18　现代广东红木家具⋯⋯⋯⋯⋯⋯⋯⋯⋯⋯⋯⋯⋯125
   3.19　"高仿""做旧"和"作假"的概念⋯⋯⋯⋯⋯⋯⋯126

第4章　乌木和条纹乌木

第1节　乌木概论
   1.1　乌木和条纹乌木⋯⋯⋯⋯⋯⋯⋯⋯⋯⋯⋯⋯⋯⋯142

第2节　条纹乌木概论
   2.1　条纹乌木⋯⋯⋯⋯⋯⋯⋯⋯⋯⋯⋯⋯⋯⋯⋯⋯146
   2.2　褐榄仁⋯⋯⋯⋯⋯⋯⋯⋯⋯⋯⋯⋯⋯⋯⋯⋯⋯151
   2.3　条纹乌木与褐榄仁的区别⋯⋯⋯⋯⋯⋯⋯⋯⋯⋯151
   2.4　乌木和条纹乌木种类⋯⋯⋯⋯⋯⋯⋯⋯⋯⋯⋯⋯152
   2.5　条纹乌木的特点⋯⋯⋯⋯⋯⋯⋯⋯⋯⋯⋯⋯⋯153

第3节　乌木家具
   3.1　乌木和条纹乌木家具⋯⋯⋯⋯⋯⋯⋯⋯⋯⋯⋯154

第4节　条纹乌木家具

第5章　花梨木

第1节　花梨木概论
   1.1　花梨木⋯⋯⋯⋯⋯⋯⋯⋯⋯⋯⋯⋯⋯⋯⋯⋯159
   1.2　花梨木种类⋯⋯⋯⋯⋯⋯⋯⋯⋯⋯⋯⋯⋯⋯⋯162
   1.3　何谓"草花梨"⋯⋯⋯⋯⋯⋯⋯⋯⋯⋯⋯⋯⋯⋯163
   1.4　花梨木按木质可分为三类⋯⋯⋯⋯⋯⋯⋯⋯⋯⋯164
   1.5　花梨木与"黄花梨"⋯⋯⋯⋯⋯⋯⋯⋯⋯⋯⋯⋯165

第2节　花梨木与亚花梨和其他非花梨
   2.1　花梨木与铁力木⋯⋯⋯⋯⋯⋯⋯⋯⋯⋯⋯⋯⋯167
   2.2　印度紫檀⋯⋯⋯⋯⋯⋯⋯⋯⋯⋯⋯⋯⋯⋯⋯167

2.3 花梨木与亚红木和非红木 169
2.4 市场上亚红木和非红木（杂木）的种类 170
2.5 非洲花梨和亚花梨家具没有价值 172
2.6 红铁木豆和铁线子 174
2.7 "巴西花梨" 177

第3节　花梨木家具
3.1 红木家具市场中的花梨木家具既假又乱 179

第6章　鸡翅木

第1节　鸡翅木概论
1.1 鸡翅木 191
1.2 特征 192
1.3 铁刀木的特征 195
1.4 鸡翅木的界定 196
1.5 鸡翅木的分类 196
1.6 黑鸡翅木与黄鸡翅木的差异 198
1.7 铁刀木与铁力木 198
1.8 非洲鸡翅木与缅甸鸡翅木的区别 200

第2节　鸡翅木家具

第7章　沉香木及制品
1.1 沉香木 214
1.2 形态特征 214
1.3 木材特征 214
1.4 沉香形成及稀有性 215
1.5 越南沉香 216
1.6 沉香的药理作用 216
1.7 沉香的经济价值及用途 217

第8章　檀香木及制品
1.1 檀香木 222
1.2 形态特征 222
1.3 木材特征 222
1.4 檀香木分布及种类 223
1.5 檀香木主要价值和用途 224

第9章　柚木及制品
1.1 柚木 228
1.2 形态特征 228
1.3 木材特征 231
1.4 分布及种类 231
1.5 柚木主要用途 234

第10章 香榧木及制品

1.1 香榧木 236
1.2 形态特征 236
1.3 木材特征 238
1.4 香榧木用途 239

第11章 红豆杉及制品

1.1 红豆杉 243
1.2 形态特征 244
1.3 木材特征 244
1.4 红豆杉用途 245
1.5 红豆杉药用价值 245

第12章 黄杨木及制品

1.1 黄杨 248
1.2 形态特征 249
1.3 木材特征 249
1.4 黄杨用途 250

第13章 黑心楠及制品

1.1 黑心楠 253
1.2 形态特征 253
1.3 木材特征 253
1.4 其他特性 254
1.5 黑心楠种类 255
1.6 黑心楠用途 256

最新十二种非红木和亚红木的学名、俗称、产地及价格参考表 257

最新三十三种国标红木学名、俗称、产地及价格参考表 257

《红木》国家标准（节选） 258

最新世界珍稀木材原材参考价 258

香枝木

第一章

第1节 香枝木概论

中文学名	降香黄檀	拉丁文名	DalbergiaodoriferaT.Chen.		俗称	黄花梨
科属	豆科（LEGUMINOSAE）、黄檀属（Dalbergia）					
产地	中国海南、越南北部和南部、老挝沙湾拿吉及柬埔寨东南部					
特征	形态特征：落叶乔木，树高25~30米，胸径35厘米以上，树冠广伞形，树皮灰褐色，粗糙。幼树及小枝树皮平滑，灰白色，新枝柔软，老枝粗糙。有近球形的侧芽。羽状复叶，互生，叶枝长15~25厘米，小叶9~13片，叶长4~8厘米，宽1.5~4厘米，近革质，卵形或椭圆形，顶端急尖而钝头，全缘，上面深绿色，无毛，下面灰绿色，被微毛。圆锥花序，腋生，花黄色，花期4~6月。荚果带状长椭圆形，中部隆起，木栓质，外缘为薄翅状，具明显的细纹，成熟时不开裂、不脱落，有种子1~3粒，种子肾形，长约1厘米，宽5~7毫米，种皮薄，褐色，果期10~12月。					
木材特征	颜色	新切面浅白黄、褐黄、褐红、褐黑；收缩变形小，细腻，韧性极高，适宜雕刻和制作家具、工艺品。				
	纹路	纹理有些有交织纹、斜交纹、水波纹、虎皮纹、鬼脸纹和山水纹，色彩极艳美。				
	生长轮	明显				
	宏观构造	散孔材。管孔肉眼可见。				
	气味	新切面、截面有较大的辛酸香味。				
	气干密度	0.80g/cm³~1.09g/cm³				

▥ 1.1 重点介绍越南香枝木的理由

香枝木市场俗称黄花梨，树种学名为降香黄檀。为与《红木》国家标准统一名称，本书统称为香枝木或降香黄檀。目前市场上介绍香枝木的书，重点都是在介绍海南香枝木，越南香枝木往往只是轻描淡写地提一提。都说海南香枝木价格比越南香枝木高10倍。由于这种误导使消费者认为海南香枝木非常好，越南香枝木相对不值钱，这种误导造成中国红木家具市场出现了海南香枝木崇拜潮。有些书中还特意介绍海南香枝木都是褐黄色或褐黑色，以致红木业内误认为海南香枝木就是褐黄色和褐黑色，越南香枝木就是黄色和白黄色。为了赚取更多利润，很多越南香枝木到了中国，厂家千方百计把它做成褐黄色和褐黑色，冒充海南香枝木。目前红木家具市场上除边界口岸地区能见到木材标注为越南香枝木，在国内红木市场就很难见到这样的标注。百分之九十以上都把越南香枝木标注为"海南香枝木"，以赚取黑心钱。

生长在越南北部的这种香枝木树干，纹路多为水波纹。

生长在越南北部的香枝木树根

编者认为，编写科普书籍要客观，要对社会负责，要有用有指导意义，不能脱离现实。否则就会给市场带来困扰和混乱，这是不负责任的误导。现今海南香枝木连找片样品都困难，还长篇累牍去介绍，在上面大做文章，既空又虚，没有什么意义。准确地说，现在在海南销售的香枝木新原木、根材、旧板枋材、工艺品及家具，百分之九十以上都是越南产的香枝木。海南香枝木贩运商大多数到越南牙庄、河西和北宁收购，少数到老挝沙湾拿吉收购，然后从水上偷运回海南，冒充海南香枝木出售。海南市场上卖的香枝木到底是什么地方产的只有卖木材的商贩知道，到海南买木材的商家根本就无法搞清楚木材生长地。到海南收购香枝木的商人在海南无法准确认定一件家具、一根木材或一件工艺品究竟是越南香枝木还是海南香枝木。编者从业二十多年，没有亲自看见海南当地老百姓采伐出一根原材，也没有见到老百姓从屋顶上拆下一片旧料，所以没有办法找到准确无疑的海南香枝木木材样品，故在书中没有过多介绍海南香枝木的木纹、原材、工艺品和家具，书中只是介绍了海南人工种植的香枝木树、叶和花的图片。越南从2009年起，也没有多少新材出售，主要是出售从房上拆下和旧家具中拆出的旧料。越南很多香枝木旧料到了海南后，往往被木材贩运商说成是海南旧房上拆下的。举个花梨木的例子来说，花梨木产地几十个，如把颜色相同、纹路相同、重量差不多的几个地方产的都摆放在一起，专家也无法判断其中哪一种的生长地是哪里，只有伐木者和原产地木材商才能弄得清楚。

生长在越南北部的这种香枝木树干，纹路多为虎皮纹。

　　海南香枝木与越南香枝木有细微的差别，无论从纹路、颜色、重量、气味上来比较一般人是看不出也嗅不出区别的。现在市场上的香枝木家具用料是哪里产的，回答也是肯定的，百分之九十以上都是越南产的。

　　福建市场上出售的香枝木基本上都是褐黄和褐黑色香枝木，大多数都标注为海南香枝木。编者经过调查认为大多数都是越南香枝木，颜色经过化学药剂处理。

　　香枝木市场极其混乱。目前，海南、广东、广西都大量种植香枝木，成材可做家具大约要50年。虽然广东和广西产的香枝木树种是海南的，由于生长条件不同其材质不一定同海南一模一样，成材后能不能叫海南香枝木还是一个问号。而越南是目前世界上香枝木存储量最多的地方，因此编者着重介绍越南香枝木。这是为读者负责。

1.2 香枝木主要产地和分类

　　全世界香枝木主要产地是三个地方：中国海南、越南北部和南部、老挝南部沙湾拿吉和柬埔寨东北部与老挝接壤地区。香枝木按木材品质和价格可分为三类：一类为海南西部和中东部的"红梨"和"油梨"；二类为海南东部的"黄梨""糠梨"和越南北部的北方料；三类为越南南部的南方料、老挝南部沙湾拿吉和柬埔寨东北部与老挝接壤地区产的料。这三类香枝木木材的价格悬殊较大，一类料要高过二类料一到两倍，二类料一般要高过三类料一倍。"红梨"和"油梨"分别产自海南的琼中、保亭和五指山脉以及海南乐东、东方和尖峰岭低海拔地区。"红梨"和"油梨"，木色褐红、褐黄、褐黑深色的较多，纹路漂亮略显，油性大，木质纤细，气干密度多达0.96g/cm³以上。"黄梨""糠梨"和越南北部的北方料主要产自海南的文昌、琼海和吊罗山脉以及越南的河西、北宁地区。"黄梨""糠梨"和越南北部的北方料木色褐红、褐黄、褐黑深色的相对较少，浅白黄色的较多，纹路多而漂亮。油性相对较小，木质纤维相对较粗，木质相对疏松，气干密度基本上都不超过0.9g/cm³。三类的越南南部的南方料、老挝南部沙湾拿吉和柬埔寨东北部与老挝接壤地区的料就比二类还要差一些。越南北部与海南西部隔海相望，并在同一纬度上，专家普遍认为，越南北部的香枝木木质至少与海南东部的香枝木的木质差不多。虽然越南南部的香枝木木质差一点儿，但大多数的木质也同海南东部的香枝木的木质差不多，价格差距也不大。

目前国内市场上出售的香枝木家具90%以上都是越南南部木质较差的香枝木。虽然市场上所有褐黄和褐黑色香枝木基本上都标注为海南香枝木，实际上这些香枝木家具有一些是做漆或打蜡时添加过颜色；有一些是用越南南部色较深的香枝木老沉料制作；还有一些则是用浅白黄色香枝木经过化学药剂蒸煮后制作成。目的就是做成色较深的，很像"红梨"和"油梨"制作的海南香枝木家具，堂而皇之骗卖高价。现在在海南出售的香枝木木材和家具，绝大多数都是越南香枝木。2005年起，海南的大多数香枝木贩运商就开始到越南牙庄、河西和北宁收购香枝木，少数还到老挝和柬埔寨收购，然后从海上偷运回海南，冒充海南香枝木骗卖高价。总而言之，海南卖的香枝木到底是什么地方产的只有卖木材的商贩知道，外地到海南买木头的商贩是无法搞清楚搞准确的。区分香枝木木质的优劣不能光用木色来判断，一类和二类中既有深色也有浅色，只是深色的"红梨"和"油梨"相对多一点儿而已。三类中也并非全部是浅白黄色，深色的也有，只是相对少一点儿而已。褐黄和褐黑色香枝木并非是海南香枝木的代名词，简单地把褐黄和褐黑色香枝木归为海南香枝木，而把浅白黄色香枝木归为越南香枝木是一大错误。

生长在越南北部的这种香枝木树干，纹路多为鬼脸纹。

生长在越南北部的香枝木花

海南野生香枝木树叶和种子

海南人工种植的香枝木种子

越南北部野生香枝木树叶和种子

生长在越南南部的野生香枝木种子

越南南部香枝木老料大面板料

越南南部香枝木新料大面板料

越南南部香枝木新料大面板料

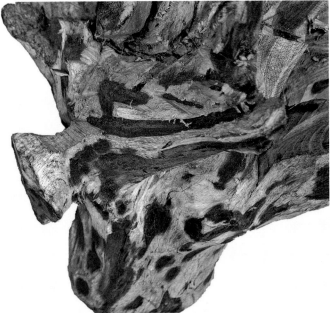

图左为海南香枝木树根（小），图右为越南香枝木树根（大）。

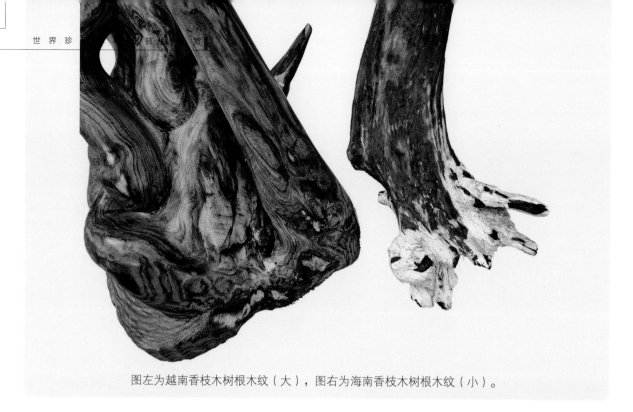

图左为越南香枝木树根木纹（大），图右为海南香枝木树根木纹（小）。

越南北部香枝木新原材

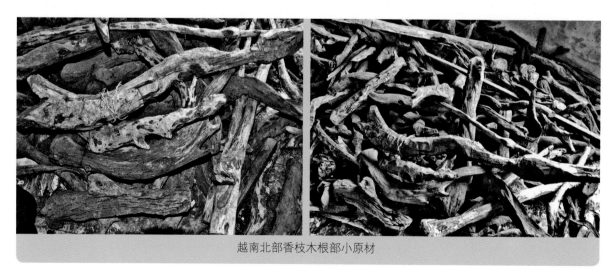

越南北部香枝木根部小原材

越南南部黄褐色香枝木圆桌虎皮纹桌面

越南南部深褐色香枝木皇宫椅波浪纹坐板

越南北部褐黑色香枝木皇宫椅芝麻点纹坐板

越南南部褐红色香枝木靠背椅水波纹坐板

越南南部黄褐色香枝木靠背椅虎皮纹坐板

越南南部褐红色香枝木水波纹

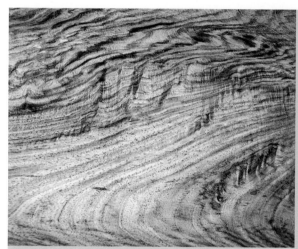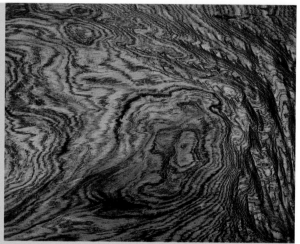

越南北部褐黄色香枝木水波纹和大虎皮纹

越南南部褐黄色香枝木水波纹

越南南部浅黄色香枝木大鬼脸纹

越南南部浅黄色香枝木径向流水纹

越南北部香枝木褐红色纹路特点

越南南部黄白色香枝木

越南南部褐红色香枝木

越南南部红黄色香枝木

越南南部黄红色香枝木

越南南部黑褐色香枝木

1.3 香枝木与其他相似木的对比图

香枝木水波纹里现鬼脸纹图

老挝巴里黄檀水波纹图

生长在越南广平省的香枝木全树图

生长在老挝沙湾拿吉省的巴里黄檀全树图

生长在越南北宁省的香枝木幼树树干图

生长在老挝沙湾拿吉省的巴里黄檀幼树树干图

生长在越南广平省的香枝木种子图

生长在老挝沙湾拿吉省的巴里黄檀种子图

生长在越南广平省的香枝木树叶图

生长在老挝沙湾拿吉省的交趾黄檀树叶图

1.4 香枝木种类与区别

全世界的香枝木主要产自三个地方，即中国海南、越南北部和南部、老挝沙湾拿吉和柬埔寨东南部。中国海南的香枝木主要产自海南岛吊罗山地区和尖峰岭的低海拔平原、丘陵地带。越南的香枝木主要产自越南北部、南部以及老挝的沙湾拿吉和柬埔寨东北部。

海南香枝木按产地分为西部香枝木和东部香枝木两种。

西部香枝木：色褐红、褐黄较深，纹路漂亮略显，油性大，木质纤维细，气干密度多达0.9g/cm³以上。

东部香枝木：色浅白黄，纹路少而且不显，油性小，木质纤维略粗，木质疏松，气干密度基本上都不超过0.9g/cm³，价格也比西部香枝木便宜得多。

海南黄檀树干树枝　　　越南香枝木树干树枝　　　海南香枝木树干树枝

越南香枝木按产地分为北部香枝木和南部香枝木两种。

北部香枝木：一般都生长在越南海拔较高的地区，土质差，多在陡坡山地上自然生长，生长缓慢，生长周期长，色褐红、褐黄较深，纹路漂亮明显，较多，多数有山形纹、水波纹、鬼脸纹、虎皮纹、芝麻纹。油性大，木质纤维细，气干密度多达0.9g/cm³以上，同海南西部香枝木差不多。

南部香枝木：一般都生长在越南海拔较低的平原地区，土地肥沃，阳光充足，雨水多，生长快，生长周期短，色多为浅白黄，纹路少而且不显，油性小，木质纤维略粗，木质疏松，气干密度基本上都不超过0.9g/cm³，价格也比北部香枝木便宜近一半。南部香枝木同海南东部香枝木差不多。

老挝沙湾拿吉、柬埔寨东北部香枝木同越南南部香枝木基本一样。这两个地方产的香枝木业内也归为越南南部香枝木。

《本草纲目》中把香枝木称为降香，有降血压、血脂及舒筋活血的作用，所以也叫"降压木"。20世纪70年代，海南的香枝木一直是由药材公司收购，主要为药用，价格为每千克0.2元人民币，极少用来做家具和工艺品。药用的方法分为食疗和具疗。食疗一般是采用树根煮食或用木屑泡水喝；具疗一般是做成凉席、枕头、凳椅、床榻或用木屑制作成枕头来使用，可舒筋活血、醒脑、通气、明目，主治高血压。多年来，在市场上很难见到真正的海南野生香枝木，为满足市场需求，近年有较多的人种植。

1.5 降香黄檀树名之来历

香枝木业内俗称"黄花梨"。香枝木树科名为豆科，树属名为黄檀，树类名为香枝木，树种名为降香黄檀。《红木》国家标准将香枝木归为降香黄檀树种。降香黄檀这一名称直到1984年才确定。1984年前海南当地林农习惯把相似的两种"黄檀"树叫作"花梨""格木"或"海南黄檀"，但大多数还是习惯把它叫作"花梨"。当地林农又把相似的这两种"黄檀"树，一种叫"糠梨"或"花梨公"，另一种叫"油梨"或"花梨母"。"花梨公"，芯材较大，有五分之四，棕褐色，边材黄棕色，芯边材区别不明显。"花梨母"，芯材小，芯材黄褐到紫褐色，边材浅白黄色，芯边材区别明显。1984年国家热带植物研究所专家对这两类"黄檀"进行了分类，"花梨公"定名为"海南黄檀"；"花梨母"定名为"降香黄檀"。"降香黄檀"归为国标红木，"海南黄檀"未归为国标红木。

1.6 越南香枝木也濒临绝迹

在中国红木家具和古董市场，几乎到处可见红木家具上写着"海南黄花梨"的标签，很少见到"越南"两个字。这种营销手段带有欺骗性，剥夺了消费者的知情权，是极不道德的商业行为。在我国的古典家具中，最值钱的莫过于明代香枝木家具。为什么值钱？就是物以稀为贵。明代的香枝木家具几乎都是用海南和越南香枝木制作，因为明代过度砍伐，到清代香枝木开始匮乏。清代制作的家具，由于香枝木少，只好花梨木和香枝木不分地通用。漆色很深，很难辨别木质。清代又开始使用紫檀制作木家具，所以清代的紫檀木家具较多。经过几百年的采伐，上世纪80年代后要买到海南新材的野生香枝木就几乎不可能，可以用绝迹来形容。市场上使用的大多是过去旧家具中选挑出几块旧料或旧房子柱子梁头中偶尔发现几根旧料而已，市场销售的香枝木家具90%以上都是越南香枝木。海南野生香枝木从法律角度分析，也不可能在市场上明目张胆销售。越南香枝木同海南香枝木没有本质区别，而且越南北部的香枝木木质好过海南东部的香枝木。当前国内市场上比来比去、说来说去、论来论去，说的都只有一种香枝木，即越南香枝木。应该说除个别资本雄厚的木材商、研究机构、专家教授和海南山区少数林农外，没有几个人真正见过海南野生香枝木，个别资本雄厚的一味说海南香枝木好、很值钱，越南香枝木不好、便宜，是没有道理的。如此比较论述，给市场造成混乱，为一些不法商人提供了作假售假的推销理论依据，提供了作假发挥的空间，不法商人都把越南老陈料，带褐红、褐黑纹路的越南北部香枝木明码标上海南香枝木标签，价格比差不多同样成本的浅白黄和浅褐黄越南香枝木高出三至六倍。现在越南香枝木其实也进入了收购破旧家具和旧房柱子梁头的地步，也濒临绝货。在越南生产香枝木家具的工厂，买到的原料大多数都是破旧家具中拆下来的少量旧板旧枋，或少量旧房上拆下的柱子梁头，很少买到新板枋，以现在市场上对红木家具的需求量来看，可以说越南香枝木最终也要走到绝迹的一天。海南木材商人有很多都在越南收购纹路多的老陈料香枝木，运回海南冒充海南香枝木出售，所以说没有几个人能买到真正的海南香枝木家具和工艺品。

1.7 香枝木的鉴别

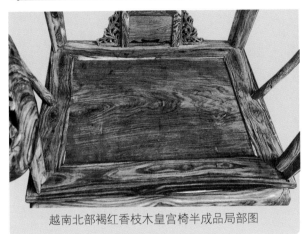
越南北部褐红香枝木皇宫椅半成品局部图

越南南部香枝木皇宫椅成品局部图

木材鉴定专家，要准确无误地鉴定出一块香枝木是海南香枝木还是越南香枝木，是一件非常困难的事。真正区别出这两种香枝木的差别，只能通过看、问、闻、掂、比来鉴定，同时还要用花纹、气味、颜色或重量四大特点来综合对比。光用花纹、气味、颜色或重量四大特点中的哪一种都无法真正作出正确的鉴定。总之，只能用资深的经验来感悟，不能言传，因为没有准确的语言可以表达和传教。

1.8 海南香枝木与越南香枝木的区别

越南香枝木和海南香枝木同科同属同类同树种。越南北部和海南隔海相望，气候、土壤、降雨量都差不多，又在同一纬度上，这两个地方的香枝木，没有本质区别。福建仙游有些家具店有的也将海南香枝木和越南香枝木标注开来销售，而且海南香枝木家具数量很多。无论怎么看，这两种家具的主要区别就在于：标注海南香枝木的就如几十年的越南老陈料，暗褐带黑色纹路；标注有越南香枝木的如同新料，亮黄带褐红鲜艳纹路。如今的市场上竟有那么多的海南香枝木出售，不免叫人质疑。众所周知，海南香枝木少之又少，要买到大一点儿的真正的海南香枝木工艺品都困难，市场上哪儿来那么多的海南香枝木家具呢？很多红木家具业内人士和行家都认为，无论从树、叶、花、种子到木质、色泽、纹路、气味，越南香枝木都与海南香枝木基本一致，没有多大区别。如花纹：越南香枝木较艳，较抢眼，较漂亮，相反海南香枝木较柔和；气味：越南香枝木较重、较冲，辛酸香味，相反海南香枝木气味较柔和，不明显；颜色：越南香枝木有深有浅，海南香枝木也有深有浅，越南香枝木新料色泽鲜艳，海南香枝木新料的色泽也同样亮丽鲜艳，海南香枝木有老陈料，越南香枝木也有一模一样的老陈料；密度：两者都有大有小。

越南北部香枝木与海南香枝木的色泽、纹路、密度、气味都基本相似。学术界和木材界对这两种香枝木有较大的争议。有的专家说一样，差不多；有的说不一样，有差别。有的专家甚至说，越南北部香枝木与海南香枝木，没有质的区别，应该就叫"越南香枝木"。这种叫法固然没有理论依据，在红木分类中，只有香枝木类和降香黄檀树种的划分，没有按产地划分，也就不能叫"越南香枝木"这一名称。曾有木材商将五块越南香枝木和五块海南香枝木在不做任何标记的情况下同时送到某林科院鉴定，结果十块都确定为香枝木，未标记出产地。这就充分说明这两种树种同属香枝木类降香黄檀树种。古时有关书籍有"黄花梨产自海南、广西、北越（也称安南）"之说，这就进一步说明，这两种木材都有记载，没有本质区别。有的专家

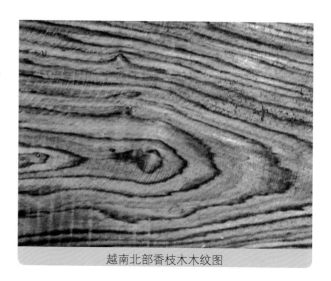

越南北部香枝木木纹图

认为，北京故宫珍藏的香枝木家具有不少是用越南香枝木制作而成。理由是：据历史文字记载，海南香枝木直径较小，而故宫有些香枝木家具的面板为整板而且较宽较长，因此有的专家认为是用越南香枝木制作，在海南找不到那样大的香枝木树。专家还认为，之所以在国际木材分类中找不到越南香枝木，最大可能是当年统治越南的法国殖民者漏报了这一树种，才造成这一缺憾。

1.9 香枝木与白酸枝、花梨木和"非洲黄花梨"的区别

从纹路、颜色和重量上讲没有一种红木的纹路、颜色和重量完全与香枝木相同。比较接近的有花梨木、白酸枝和红皮铁树（俗称"非洲黄花梨"），现在市场上作假也常用这三种木材。其实，只要从纹路、颜色和重量这三个方面认真辨别，就不难识别。

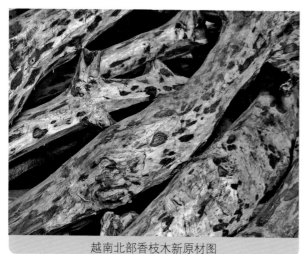

越南北部香枝木新原材图

白酸枝：白酸枝中偏浅白黄色的木材很像浅白黄色的香枝木。但白酸枝的主体颜色是红色，而浅白黄色香枝木的颜色主体是偏黄色，所以要区别白酸枝和香枝木并不难。从纹路看，香枝木有些有交织纹，白酸枝木没有。

花梨木：老树根花梨木很像褐黄色的香枝木。有些作假者把老树根花梨木加工成成品家具，先用漂白剂漂白，再上一次深黄褐色色精，打磨打蜡，充当香枝木卖。老树根花梨木气干密度同香枝木差不多，颜色纹路也近似，辨别起来有点儿难。但是，认真辨别就可以搞

准确。虽然老树草花梨的纹路近似香枝木，但有一点可以鉴别，老树草花梨的纹路不明显，尤其是带褐色纹路的几乎没有，而香枝木最明显的特征是色彩鲜艳，纹路十分明显，都带褐黄、褐红或褐黑色纹路。从气味上也好鉴别，花梨木没有明显气味，新切面有一点点清香味，而香枝木有较大的辛酸香味。

香枝木与花梨木：市场上将香枝木俗称为"黄花梨"，但是"黄花梨"和花梨木虽然只是一字之差，但不是一种树木。红木家具行业中有人说：老花梨是"黄花梨"，新花梨是花梨木，这种说法是完全错误的。这种说法很容易给对红木不了解的人造成概念上的混乱，以致很多人会错误地认为这两种木头木质、价格差不多。这两种木头是同科、不同属、不同类、不同种的两种木材。俗称的"黄花梨"是黄檀属，香枝木类，降香黄檀树种。而花梨木是紫檀属，花梨木类，收入《红木》国家标准

越南南部香枝木新枋材图

的有七种。如产于老挝、越南和泰国的木质最好的越柬紫檀；产自缅甸市场上比较受欢迎的大果紫檀等。如果把"黄花梨"和花梨木混为一谈，认为木质相近那就大错特错了。

香枝木与"非洲黄花梨"："非洲黄花梨"学名为红皮铁树，它的学名一直有争议。它有一个漂亮的市场俗称"非洲黄花梨"。但它也有两个不漂亮的与木质相匹配的俗称，即"猪屎木"和"臭花梨"。虽然两种木头纹路、颜色较相近，但非洲红皮铁树的重量只是香枝木的一半左右，有轻飘感，掂一掂分量就清楚了。还有一个明显特点，非洲红皮铁树有特别大的猪屎味，如果把衣服挂在非洲红皮铁树做的衣柜里，几天后臭气极大，不晾晒几天就无法再穿。

1.10 目前红木家具市场的香枝木主要来自越南

由于有些书中歪曲片面介绍海南香枝木都是褐黄色或深褐色，越南香枝木都是黄色和白黄色，红木市场从2007年起就有理有据地把凡是褐黄色和深褐色的香枝木都当作海南香枝木卖，黄色和白黄色的才说成越南香枝木。有些甚至千方百计把黄色和白黄色香枝木通过加色做成深褐色香枝木来冒充海南香枝木卖。总之在利益的驱使下，只要披上海南香枝木的外衣价格就翻几番，还有谁不愿意把自己手中的越南香枝木当成海南香枝木来卖呢？编者认为，造成这种混乱，同各种书籍错

越南南部香枝木木纹图

误地阐述海南香枝木有很大关系。2009年7月后越南深褐色香枝木逐渐紧缺起来，价格每天都在涨，于是市场就出现了一种制作假深褐色海南香枝木的化学药剂。这种药剂现在很多小商品市场都有卖。越南黄色和白黄色的香枝木添加了这种药剂并通过高温蒸煮后，变成深褐色"海南黄花梨"。被黑心作假红木商人标以"海南黄花梨"。然而高温蒸煮后，香枝木已脱了脂，木质已发生了严重变化，这种香枝木家具的价值就肯定大打折扣。目前红木家具市场上除了边界口岸地区能见到标注为越南香枝

木的家具和工艺品外，在内地红木家具市场已很难见到标注为越南香枝木的家具和工艺品，百分之九十以上都把越南香枝木处理成所谓的深褐色海南香枝木来销售。红木商人赚取了很多黑心钱，坑害了不少消费者。

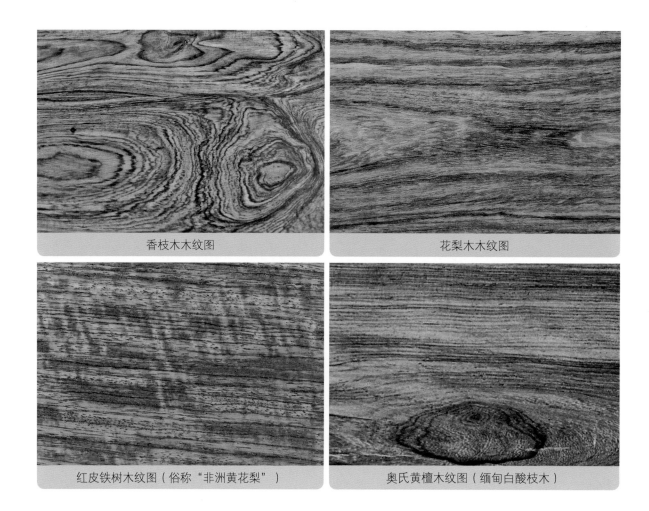

香枝木木纹图　　　　　　　　　　　　　　花梨木木纹图

红皮铁树木纹图（俗称"非洲黄花梨"）　　　奥氏黄檀木纹图（缅甸白酸枝木）

编者认为只要没有亲眼看到海南林农砍伐或刨挖，任何人在海南买的香枝木，只能说有可能是海南香枝木，而不能说肯定是海南香枝木。因为在海南无法确认一件家具、一根木材或一件工艺品是越南香枝木还是海南香枝木。编者在海南寻找了很长时间，都没有亲眼看见当地老百姓采伐的原材或刨出的树根，也没有见到老百姓从屋顶上拆下一根旧料，只在当地向老百姓买了一棵枯死的人工种植的香枝木，并且亲眼看着刨出来。书中仅用了海南人工种植的香枝木树、干、叶和果实的图片和亲眼看着挖出的根材图来作图示说明。从2009年起，越南也没有多少新材出售，主要是售从房上和旧家具中拆出的旧料。越南很多香枝木旧料到了海南后，木材贩运商都说成是从海南旧房上拆下的。因为只要卖木材商家的不说真话，再高级别的专家都很难搞准是哪里产的香枝木。

造成香枝木市场的这种混乱状况，因素主要有两方面：一是黑心经销商追求高额利润挂羊头卖狗肉故意为之。一般来说是哪里的香枝木大多数经销商应该心知肚明，完全能搞得清楚，只是在利益面前故意弄成口袋里卖猫，故意不说清楚；二是很多书籍和专家扭曲性地过高吹捧海南香枝木，

仿古香枝木沙发八件套

贬低越南香枝木而造成。

海南香枝木与越南香枝木无论从纹路、颜色、重量、气味上来比都没有大的区别，木质几乎一模一样。海南香枝木有黑、红、黄、白四种颜色，越南香枝木同样也有黑、红、黄、白四种颜色。福建、北京市场上出售的香枝木基本上都是褐黄色和黑褐色，大多数都标注为海南香枝木。编者经过调查，实际基本上都是越南香枝木，颜色有些是经过化学药剂处理的。

目前，海南、广东、广西都大量种植香枝木，成材可做家具至少要再过50~100年。而且广东和广西产的香枝木其材质也不一定同海南一模一样，但最终可能还是统统叫海南香枝木。从现实出发，越南是目前世界上香枝木存储量最多的地方。

1.11 "草花梨"与"黄花梨"

"草花梨"是花梨木在越南和中越口岸一带的俗称，也就是国标红木中的花梨木。"黄花梨"是国内红木市场的俗称，是国标红木中的香枝木。在有些清代红木家具中，"草花梨"（花梨木）和"黄花梨"（香枝木），是没有严格区分的，都统一做成颜色较深、纹路难辨的深色红木家具，但毕竟是完全不同的两类木材。紫檀属花梨木类的木材虽然与产于海南和越南的黄檀属香枝木类的木材均有"花梨"二字，但二者是同科、不同属、不同类、不同树种的两种完全不同的木材。尽管现代红木家具市场有一些黑心商人用花梨木根部深褐材，制作成家具冒充香枝木家具骗人，但两者是两种完全不同的木材。国标红木中，花梨木归豆科，紫檀属，该属除檀香紫檀外的60多个树种均为花梨木（其中有些为亚花梨），而香枝木则为豆科，黄檀属，香枝木类，降香黄檀树种。红木家具市场所说的老花梨木是"黄花梨"，新花梨木是"花梨木"的说法是完全混淆了这两种木材的本质。

越南北部香枝木小鬼脸纹

第2节 香枝木与紫檀木对比

2.1 香枝木与紫檀木谁为第一

　　香枝木和紫檀木这两种木材到底哪种为第一，众说纷纭。人们通常把真紫檀木称为紫檀，中文学名为檀香紫檀，俗称小叶紫檀、大叶紫檀。檀香紫檀是红木中的贵族之一，自古用紫檀木制作的家具几乎都是高档的红木家具。中国自古以来就有崇尚紫檀之风，是最早认识和开发紫檀的国家。紫檀之名，最早出现于1500年前的晋朝，崔豹《古今注》云：紫檀木，出扶南(指东南亚)，色紫，亦谓之紫檀。紫檀作为硬木家具登上历史舞台，是在明代的万历年间开放海禁，来自东南亚的高档木材进入我国之后的事情。紫檀通常需要几百年的时间来成材，如果说质量好的小叶紫檀甚至需要500年以上。

　　香枝木市场上俗称黄花梨，学名为降香黄檀。黄花梨最早在唐代就有记载，唐代陈藏器《本草拾遗》中有"榈木出安南及南海，用作床几，似紫檀而色赤，性坚好"的记载。宋代赵汝适的《诸蕃志·志物·海南》里也写道："土产沉香花梨木等，其货多出自黎峒（海南岛的旧称之一）。"市场俗称的黄花梨家具，产生的黄金时代是清前期到乾隆的一百年间。香枝木的髓芯木死细胞要30年才起心，一百年以上才能采伐做家具，极其珍贵。

　　香枝木和紫檀木皆是红木中的极品。一定要辨个高下，可以从以下几点来看。

　　从拍卖行情来看，近十年来中国古典家具拍卖行拍卖的香枝木家具的价格要遥遥领先于紫檀木家具的价格。同木质水平的原木价格来看，香枝木比紫檀木高三至十五倍多。从市场上销售的这两类家具的价格看，同类同水平的香枝木家具价格一般要比紫檀木家具价格高二到十倍。从原材料的稀有来看，中国海南香枝木，只能买到几十年、几百年前用在家具和房上零星的陈木旧板，而且数

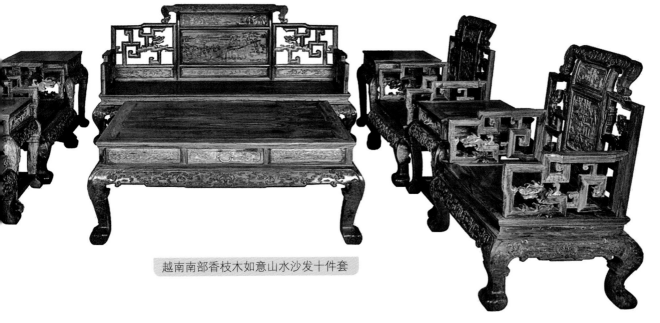

越南南部香枝木如意山水沙发十件套

23

量十分稀少。现在市场上大量的香枝木家具是越南北部和南部的越南香枝木，但从2009年起，越南香枝木越来越难觅难买，原材料商只能到农村农家收购旧家具和旧房子上拆下来的陈料和旧料，做大型家具的新材香枝木很难再买到。

由于紫檀木产地主要在印度南部的迈索尔邦，路途遥远，在部分人心目中就认为紫檀木更珍贵更值钱。编者认为这种看法是片面的。木材珍稀、名贵、高档的要素，无外乎颜色、纹路、密度、韧性这四个方面。很多人注重纹路美，紫檀木没有明显纹路，香枝木恰恰相反，有颇多的鲜艳而漂亮的纹路，光从这一点说紫檀木就远远赶不上香枝木。紫檀木肯定是珍贵高档红木之一，但紫檀木很碎很烂，弯曲多，空裂多，短小料多，由于生长的特性无法找到一块大一点儿和完整的面板。但由于紫檀木家具的颜色很深，很难见到它的拼接缝，事实是紫檀木家具几乎是碎木拼接家具，生动地说是补丁上加补丁，接得多拼得也多。紫檀木色褐红或褐黑较深，纹路少而不清晰不明显，有混浊感，尤其是老家具更是一团褐黑，是无法看到像香枝木那样多姿多彩的美丽纹路的。香枝木木质韧性好，色彩较多又诱人，有浅白黄、褐黄、褐红和褐黑四种，纹路极漂亮，有的如行云流水，有的如诗如画。常见的有虎皮纹、鬼脸纹、水波纹、山形纹、故事纹，真可谓每一片木板就可讲一个故事。喜欢香枝木的人都认为香枝木是天下第一木。这种说法也并非没有道理，在近几年中国拍卖的古典家具中，榜首非香枝木莫属。如2004年11月22日北京翰海拍卖成交的清初黄花梨雕云龙纹四件柜，估价1200万元，成交价1100万元。2002年11月3日在中国嘉德拍卖成交的清初黄花梨雕云龙纹四件柜，估价450万~550万元，成交价高达943.8万元。然而2004年11月6日在中国嘉德拍卖的清乾隆紫檀木福庆有余四件柜，估价300万~500万元，最后成交价仅为539万元。相比之下紫檀木只是香枝木价格的一半左右。故编者认为，香枝木第一，应该是无可厚非的。

2.2 香枝木家具

香枝木纹路如行云流水，木色漂亮，纤维密度如石如玉，历来为明清宫廷贵族御用贡品，被国家列为一级珍稀濒危植物，是树木中的"大熊猫"。可以说香枝木是红木家具中最闪亮的璀璨明珠。

分辨香枝木与紫檀木比较容易。首先一个是黄色、一个是深褐红色，即便是褐红色香枝木的木纹都比紫檀木更清晰、易辨，且香枝木气味非常独特，有很浓的辛酸香味。而紫檀木的味很少，纹路不明显，难以识别。有三种树种与香枝木相近：一种是花梨木，特别是树龄百年以上的花梨木根部材很相似；另一种是缅甸的色偏黄白的白酸枝木；还有就是被市场称为"非洲黄花梨"的非洲杂木红皮铁树。花梨木的气干密度只在0.80g/cm³左右，虽然色泽、纹路与香枝木有点儿相像，但一看密度和花梨木特有的交织纹，一掂分量，闻一闻气味就能辨识出真假。有些人说越南香枝木和海南香枝木不一样，这种说法是错误的，实际上就木质而言没有本质区别，时间太久的海南香枝木老料由于表面氧化腐蚀较深，色泽沉而黑，纹路模糊，没有越南北部新采伐的香枝木制作的家具那样色泽鲜美漂亮。所以现在用越南北部香枝木制作的家具是普遍认可的高档顶级香枝木家具。目前中国市场上的新做香枝木工艺品和家具，无论颜色深或浅，重量轻或重，实际上90%以上都是用越南香枝木制作。用香枝木制作的家具有仿明和仿清的各式沙发、餐桌、大床、书桌、顶箱柜、罗汉床、皇宫椅、太师椅、交椅、圈椅、官帽椅、大型工艺品等等。

深褐色香枝木整板欧式豪华卧房套

香枝木大鬼脸纹图

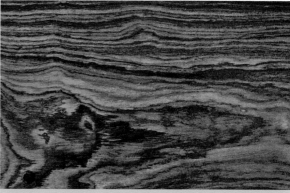

紫檀木新切面木纹图（此木纹刨光七天后逐渐变为褐红色，很难再见到清晰的纹路）

香枝木战国八件套局部图

仿古黄红色香枝木扶手椅三件套

香枝木双龙戏珠宝座

仿古香枝木圈椅

仿古黑褐色香枝木皇宫椅三件套

仿古越南北部香枝木竹节沙发十三件套

第3节 红木知识

3.1 红木家具的历史源流和红木的定义

红木家具主要起源明代，清代有较大发展。历史上郑和七下西洋，带去了中国的瓷器和丝绸，换回了大量的紫檀木、香枝木、红酸枝木、花梨木等高档硬木。这些木材稀有、珍贵。明清以来一直为宫廷御用之首选，制作时均是从全国精选顶尖雕刻及木工大师进京制作。明代更多有文人参与家具的设计与制作，由于文人的热衷推动了家具行业攀文附雅的风气，生产出了很多空前绝后的高档红木家具。

"红木家具"之称最早来自明清时期长江三角洲地区，这里是明清古典家具和红木家具的主产地，尤其是用红色的红酸枝木制作的最多，故这一地区习惯笼统称这一带生产的高档硬木家具为红木家具。直到今天，用交趾黄檀、巴里黄檀制作的家具这一地区还习惯称为"老红木家具"，用缅甸奥氏黄檀（业内称白酸枝）制作的家具则称为"新红木家具"。

明清时期红木家具用材的范围并不等于现今国标红木规定的二科五属八类三十三种硬木材。明清家具中红木家具使用的树种主要是紫檀木、香枝木、鸡翅木、红酸枝木、花梨木、乌木等。同时大量生产的白木家具主要树种为铁力木、榉木、楠木和核桃木等，后期还出现了柚木。

我们现指的国标红木不是泛指带有红色的木材，也不是指某一种木材。上个世纪八十年代后，人们对红木家具的需求日益增加，行业亟待规范，国家根据密度等指标对红木进行了规范。2000年5月19日国家颁布的《红木》国家标准把红木规范为：二科、五属、八类、三十三种。在三十三种红木树种中，有黄色、黑色、红色三大类。黄色主要有香枝木、花梨木；黑色主要有乌木、条纹乌木、鸡翅木；红色主要有紫檀木、黑酸枝木、红酸枝木。而红木不过是当前国内高档红木家具用材约定俗成的统称。红木家具也就是指国标三十三种红木与高级工艺及精美雕刻的结合体。

3.2 椅子的起源

椅子的起源有很多争议。多数学者认为椅子的名称是唐代才有的，而椅子的形象则要追溯到汉魏时北方传入的胡床。敦煌第285窟就有两个人分坐在椅子上的图像，第257窟中有坐方凳和交叉腿坐长凳的妇女，龙门莲花洞中有坐圆凳的妇女。这些壁绘生动地描绘了南北朝时期椅凳在仕宦贵族家庭中的使用情况。坐具在唐代有很多，那时的坐具已具备了椅凳的形态，但还没有椅或凳这样的称谓，习惯称为"胡床"或"马扎"，在寺庙内则称为"禅床"。唐代以后，这种椅子逐渐增多，才从床的品类中分离出来而直接被称为椅子。

3.3 床的演变过程

明清床榻出现较早。早期的床和榻混用，既是坐类家具，又是卧类家具。明清流行拔步床、架子床。这两种床，都是四周有围栏，庞然如房屋。到民国时期，出现"片床"，从此彻底改变了中国卧室的封闭格局。片床就是现在常用的床，由一高一矮两个片架组成，以床长枋相连，上置木板。这种床的出现受西方家具制造的影响，与社会进步大背景密切相关。拔步床、架子床使用的年代，房屋大多是无吊顶的高空房，房屋空间较大，灰尘大，如果外围不用床架子、床围栏框围起来，居住者会有恐惧感，所以只能用床把空间围成一个既舒服又感觉安全的小空间。随着城市化进程的加快，人的居住空间变小，而且迁移性增大，以前那些体积大、难以移动的拔步床适应不了这种新情况，所以才为片床所代替。片床是在欧式家具影响下产生的，因此，民国时期出现的片床，具有浓厚的欧式风格。现在有些红木片床，款式和雕刻花纹都有明显欧式特色。

仿古黄白色香枝木南官帽椅

香枝木方凳

仿古香枝木八足鼓凳

仿古褐色香枝木官帽椅

仿古香枝木古凳桌

仿古香枝木圆凳桌

仿古紫檀木镶嵌香枝木沙发十三件套

仿古香枝木镶花梨瘿木面板宝鼎沙发十七件套

3.4 红木家具的发展趋势

目前，中国的红木99％以上依赖进口。由于国外多年的过量采伐，珍贵的红木资源逐年减少，因此国内红木供应越来越紧张，越来越珍贵。近年世界各国和国际环保组织对热带雨林和红木资源保护极为重视，管理非常严格，几乎都在禁伐。如在印度南部的迈索尔邦，只要盗砍一棵野生紫檀木树，就要被抓去坐三到五年的牢。缅甸的花梨木，十年前每年出口上千万吨，近年降至只出口几万吨，出口量、采伐量大大缩减。靠近中国的密支那一带，十年前曾是成林成片的花梨木，但现在已难找到，许多人已开始挖十年前砍伐的花梨木树根来卖。总体趋势是，红木越来越少，越来越珍贵，红木家具价格也将越来越高。

红木家具未来的五大发展趋势：一是更昂贵。随着红木的稀少、珍贵，木材价格将会成倍上涨，生产出来的红木家具价格无法预测，价格肯定相当昂贵。如俗称为"海南黄花梨"的香枝木，1970年前只是医药公司收来做药用，每吨200元，每千克0.2元，2009年每千克涨到了9000元，每吨达到了900万元。越南香枝木2005年前只同大红酸枝木同等价格，现在高出红酸枝木五十到一百倍。长面板红酸枝木2005年前20000元左右一吨，现已涨到均价250000元左右一吨，涨幅超过十倍。再过几十年要在市场上买到野生香枝木和野生紫檀木的新家具，肯定非常困难。那时新家具的

木材将主要是红酸枝木、白酸枝木、花梨木、鸡翅木这四类了，而且这四类的价格，也将是现在的几倍。二是更精致。精致包括工艺更精湛，做工更精细，款式更精美。款式更偏向于明式家具，更简洁，更精巧，更省料。三是更舒适。主要是有了木硬坐软之感。家具更注重人体合一，具室合一。虽然是用硬木做出的家具，由于更适合人体，也因为结合了其他材料，具有柔软的感觉和舒适的享受，不再像过去一些家具那样大、高、宽、厚、重且华而不实。在现代家具中，皮木结构和棉木结合的家具会越来越多。四是更个性化。个性化体现在红木家具在具有人性化、舒适性的基础上，规格也按性别分制更加人性化。如明式家具的贵妃榻与罗汉床就分成了男女不同的卧具，太师椅和玫瑰椅也

仿古紫檀木镶香枝木架子床

分成了男女不同的坐具，将来的红木家具会更加突出性别使用的差异。如床可以一分为二，书柜、书桌、橱柜也会有男式女式的规格差异。五是更多样化。在节省木材的前提下，将来的红木家具会集明式、清式和欧式家具优点于一体，制造出省料、豪华、舒适、雅致的多样性红木家具。

3.5 怎样识别红木家具的真假

现在市场上出售的红木家具较为混乱，非红木和亚红木特别多，较难辨别。木质相差较大的容易分辨一些，木质非常接近的就很难辨别。如卢氏黑黄檀与紫檀木的色、纹、气干密度都十分接近，市场上用卢氏黑黄檀充当紫檀木的相当多，称作"大叶紫檀"。要鉴别这两种木头，不通过木材检测部门切片分析是难以鉴别出真假的。识别这两种家具，新家具容易一点儿，老家具识别就很难。

识别古典红木家具的真伪，要掌握几点：一是看包浆是否自然。二是看家具的脚腿是否有褪色和受潮水浸的痕迹。三是看家具的底板和抽屉板。老的桌子、橱柜的底板和抽屉板会有人为仿不像的旧气味、旧材料色。如果看到榫眼边角是圆的，就证明是机器加工的，肯定是新仿品。四是看木纹。新仿的木纹、颜色总会有不协调、不自然的感觉。五是看翻修痕迹。六是看铜活件，磨损几十年、上百年的铜活件与新的一看就能分辨出来。市场上主要有两种仿古家具，一种是"高仿"，另一种是"做旧"。"高仿"既仿器物的年代，也仿器物的神韵。有些家具仿出味道，有较高的艺术性，也就是说形似神也似，这类家具有一定的收藏价值。"做旧"就简单了，只要眼睛看上去"旧"就行。如果看上去既烂又旧，木质不好，工艺粗糙，这类旧家具就没有价值，再便宜也不要收藏。

识别新红木家具的真伪，要掌握几点：一是看稳定性。香枝木、紫檀木、红酸枝木、黑酸枝

木、白酸枝木、花梨木稳定性较好不易变形，不易开裂。条纹乌木、乌木、鸡翅木在稳定性方面稍差一些，容易变形和开裂。二是看颜色。紫檀木家具红、黑、褐相互渗透，褐不盖红，红里透黑亦见褐，感觉就是三种色都有。香枝木的黄、褐、红三色相互渗透。白酸枝木、花梨木的颜色相近，黄白红三色交融，不同的是花梨木有交织纹。红酸枝木和黑酸枝木是红黑色里有褐纹和黑纹。条纹乌木、鸡翅木均为褐黑底色上有黄纹或黄白纹。三是看重量。红木的气干密度都在1g/cm³左右，分量较重。香枝木、紫檀木、红酸枝木、黑酸枝木气干密度都在0.8g/cm³以上。因此，只要看一看、掂一掂就有感觉了。其他的木头，除黄鸡翅木稍轻外，分量也都重，非红木和亚红木一般都没有红木重。四是看油漆。假红木做的家具为新木材，为了盖住木纹，油漆颜色往往做得较深、较黑。好木头的家具，一般木纹清晰，显本色，所以从颜色上也可鉴别。五是看木头的拼接和底面。作假家具有两类，一类是纯假木头，一种是拼接半假。假木头难辨别，半假木头很好辨别。所谓半假，就是面子是真木材，阴角、背面、底面是假木材，作假手段往往采用拼合式作假。购买时主要看有没有拼接，上下木纹是否一致，如果家具面板上没有拼接，面底木纹不一致，说明木材有可能一半真一半假。看底板就是看抽屉底板，主要看色均不均匀，木质是不是一致。另外还可以听老板的介绍和观察表情。可以多问问老板家具来源和木材产地来分析。如果是真木头，一是老板不会轻易让价，二是老板口气大，言语坚定，表情自然，家具和木材来源讲得清楚。如果是假木头，一是价格松动大，二是从老板面部表情上和表达上也能看出一点儿蛛丝马迹。

香枝木顶箱柜（也称顶竖柜或四件柜）

3.6 怎样辨别真品与修复性的仿制红木家具

修复性的仿制红木家具是用新红木材料仿照明清家具的样式、图形修复和部分制作的仿古红木家具。仿制分为：仿制性修复部件和制造性仿制补做新整件。收藏古典红木家具要从材质、品相、风格、年代四个方面进行考量，购买仿制红木家具也必须考虑这四个方面。中国传统的红木家具，特别是明清红木家具，都采用榫卯结构联结，通体不钉一颗钉子，但仿制红木家具做工从简，工艺简单，看不见的部位和结构处常常会用钉子钉。真品红木家具表里如一，但仿制红木家具的背板、底板多为杂木或红木的白边料制作。仿制红木家具一般未经过干燥脱脂处理，容易开裂和变形。真品红木家具一般用天然无色的生漆上漆，纹路清晰可见，而仿制红木家具一般多刷深黑色、深红色聚酯漆，表面发乌发暗，很难分辨材质树种，纹路也看不清，有一种极不自然的感觉。真品红木家具具有天然的风雨沧桑感，有柔和的光泽、包浆。这里讲的仿制红木家具，不包括做旧红木家具，做旧是作假。仿制红木家具里的修复部分又分两类。第一类是补料家具，即对古典家具损坏的部位进行修复，如换只脚、补料和补洞补裂等，修复工艺较好，这类家具仍然具有收藏价值。第二类是补件家具，如古家具有一张桌子、两个椅子，现在又配上四个椅子。又如皇宫圈椅，原来有一把椅子，现在又配上一个茶几、一把椅子等。这类家具要看补件的多少来考量收藏价值。原则上讲，补件越少越值钱，补件越多越便宜。

3.7 怎样鉴别作伪包浆

放置在室内的古典家具，主要看包浆。因为年代久远，老红木家具表面长期与空气充分接触而发生氧化，颜色变深，加之长期汗渍手摸，表面显现出角质一样穿透般的透亮，这就是包浆。人造包浆，有亮度无氧化程度，很容易辨认。表面做旧的家具，发乌发暗无亮度，有些做旧的红木家具虽然亮但无汗渍感和角质感。作假亮度与长久手摸出的穿透般角质透亮是有区别的，辨别起来并不

越南北部香枝木仿古圆桌九件套

仿古香枝木书案

仿古紫檀木镶香枝木顶竖柜

难。而且，做旧家具用刀具、砂纸在不显眼处轻轻一刮一擦就会显现新木颜色。放置在外的家具没有包浆，但有木筋。木筋是随着岁月侵蚀而在家具表面形成的凹凸不平现象，现在除了用做仿古地板的方法刷磨出透木筋的表面外，其他方法无法作假。

　　辨别包浆的方法：第一，观察木材纹理，色泽是否自然。家具如有修配，纹理、色泽就或多或少会有差异。第二，注意表面风化程度。同样一件家具，由于放置与使用的条件不同，其风化程度差异较大。一般来说靠墙面、正面、上面与下脚，都会有风化的差异，观察这个风化的差异是否自然，如有人为做漆的痕迹就要十分小心。做旧作假的家具，没有风化感，颜色比较一致。第三，注意接缝、拐角等连接处的部位，作假做旧新家具，多搁几天，就一定有收缩，如露出部位都是新料、新颜色，即可断定是新做。

3.8 怎样识别红木家具用材的优劣

　　红木家具的真与假、优与劣是两个不同的概念。真与假指红木家具用料是真红木树种还是非红木树种，优与劣则指的是选材用材的质量好坏。

　　识别红木家具的真与假需要精深的专业知识。一般消费者要在短时间内真正把三十三种国标红木都搞清楚并能辨别出真与假，根本不可能。只有慢慢学习和积累，多看多问或找比较懂红木家具知识的人帮助分辨和购买。红木家具用材的优与劣则是相对简单的技术性问题。一般人只要用心，认真观察学习，很快可以搞懂。红木家具的优与劣主要看红木家具中有没有使用白边料、腐烂料、补洞料和拼板料。使用白边料、腐烂料过多的红木家具就不能称为红木家具。红木家具一定要用树芯材，即红木死细胞，用芯材制作的才能称为红木家具。制假厂家用劣料的部位一般是背板、底

仿古香枝木四件柜

仿古香枝木圆角柜　　　　　　　　仿古香枝木方角柜

板、抽屉和雕花多的部位，只要留心翻一翻，仔细看看木纹、颜色和漆色是不是一致，就基本搞清楚了。购买的原则是，宁可选购使用了裂板或有老迹小虫眼的红木家具，也不要选购用了白边料、腐烂料的红木家具。因为白边料易腐烂，腐烂料易虫蛀，这两个问题都是红木家具中的大忌。

3.9 怎样修理红木家具

古典红木家具的维修主要分两部分：一是木工、雕花工修理；二是打磨、油漆工修理。木工雕花工修理主要是针对结构损坏、面子和雕花面严重损坏的修理。较旧的古典红木家具一般涉及腐烂件，断胳膊缺腿。新一些的仿古红木家具普遍是面子和雕花部位损坏。古典红木家具修理过程共六步，新一些的仿古红木家具修理共四步（即古典红木家具修理的后四步）。第一步，如果是古典红木家具，先洗去浮尘、积土、水泥、沥青和化学油漆等。可用稀释剂先用刷子清洗，然后用水洗，再用洗衣粉冲洗。洗完后可风干或阴干，不干不能拆开，不然榫卯结构的部位不易复原。第二步，去掉要修理部位的漆。一般是用中砂纸轻擦，坚硬的地方可用刮刀刮。第三步，配铜饰件。如吊牌、面叶、合页、套脚、

仿古紫檀木镶嵌香枝木拔步床

包角、牛鼻环等，要按照原来的材质、铜质、铁质、原图形修补完整。第四步是整修木器部分。打开拆卸时尽量不伤及雕花面和原漆。损坏的部分得找同木质、同纹路、同颜色的木材填补重组完整。开裂大的裂缝用木片塞，小裂缝用木粉补，然后滴上快干胶。雕花的部分要雕刻同木质、同图案的雕件修补完整。第五步，打磨修补的结构部位和雕花修补部位。刮磨完后先用粗砂纸打磨，再用中砂纸打磨，最后用细砂纸打磨。第六步，打色。要将打磨过的地方、颜色不均的部位涂色至调均，然后上固化剂，固化剂上完要用吹风机吹干，再用细砂纸细致打磨。第七步，打上生漆或用酒精泡制的虫胶漆。修补家具的原则是修旧如旧，修新如新，尽可能保留原来的模样。因此，无论上生漆或虫胶漆，都要以保留原样为原则来进行修复。

相对小的损伤用油黑笔、油红笔或色精在损伤处涂上，然后用地板蜡反复打磨几遍即可。门或抽屉发涩或太紧，可用蜡烫在接触部位即可。

3.10 红木家具的四季保养

春季是"上浆（包浆）"的最好季节，一是用蜂蜡烫蜡，进行一次性的充分保养。用50℃~60℃的烫蜡，用布团边烫边反复擦磨即可。二是用热核桃油擦拭，方法是用棉布团或棉纱反复多次擦拭。使用这两种方法前，都必须先把家具表面灰尘擦干净，再进行保养。

夏季主要防止家具变形。门和抽屉要归位，不要过多摆放物品在柜内和顶上，防止挤压变形，四脚要垫平整，腿脚的受力方向和重力保持一致，勿倾斜。这个季节比较潮湿，不要用湿布擦家具。

3.11 红木家具保养"三要""八忌"

三要：一要常用洗涤剂擦洗，擦干后打蜡；

二要在家具中放袋花椒、烟叶或樟脑，主要是防老鼠咬；

三要每三到五年再上一至两道生漆，以保持光泽耐久。

八忌：一忌在衣柜、写字台、电视柜上放重物，防止柜体及门变形；

二忌搬运中硬拖硬拉，防止拉烂榫卯结构；

三忌将家具放置在阳光下曝晒或放置在过热、过干燥的地方，防止开裂变形；

四忌将家具放置在过于潮湿的地方，以免木材膨胀变形发霉；

五忌用水冲洗家具或用水浸泡，防止脱胶；

六忌用不同原油漆色的油漆修漆和用不同色的油灰补缝，以免留下疤痕；

七忌用碱水、开水、酒精、香蕉水擦洗家具，防止损坏漆面；

八忌冬季高层住房门窗长时间对开猛吹或打开窗帘长时间晒太阳，以免过度干燥而开裂变形。

3.12 红木家具要三思而后买

红木家具既是用来使用的家具，又是用来点缀、观赏和装饰的工艺品，它同时又是具有较高收藏价值的古玩。红木家具最低一档的鸡翅木家具现在价格也不菲，如果是香枝木、紫檀木和红酸枝木家具那价格就十分昂贵了。因此买红木家具要三思而后买。

仿古香枝木两联橱

第2章 紫檀木

生长在印度南部迈索尔邦的紫檀木全树图

第1节 紫檀木概论

中文学名	檀香紫檀		拉丁文名	Pterocarpus Santalinus L.F.
科属	豆科（LEGUMINO SAE）紫檀属（Pterocarpus）			
产地	印度南部迈索尔邦（Mysore）	俗称		小叶紫檀、大叶紫檀、牛毛纹紫檀、金星金丝紫檀等
形态特征	乔木，树干多通直。树皮褐黑色，深裂成长条形片。树干、树枝的树液呈深红色。叶枝长约20厘米，有5~9片叶，叶片长约9厘米，宽约5厘米。一般为椭圆形或卵形，花黄色或带黄色条纹，花期为11~12月。果呈圆形，果期4~5月。			

紫檀木树叶和种子图

木材特征	颜色	去白皮的原木放在一起，远看就有油性的角质感。原材色有两种，一种为紫红色，一种为深红色。切成面板后颜色有三种：一种为紫红色，放置时间一长会变成深褐红色；另一种为深红色，时间放长后也会变成褐紫红色；还有一种为橘红色，切面时间一长，色也会变为深红。紫檀木素有"十檀九空"之说，在紫檀木的大头中一般百分之五十以上都空心，这也是紫檀木外状的特征之一。紫檀木收缩变形小，极其细腻，韧性极高，适宜制作精细雕刻的家具。		
	纹路	纹路交织，有的局部呈绞丝状，纹路卷曲，故也有工匠称之为"牛毛纹紫檀"。新切面纹路明显，多为褐色，氧化数天后纹路不明显，时间越长越模糊混浊，只看到角质感的紫黑、紫褐色，很难见到明显的纹路。		
	生长轮	不明显	宏观构造	散孔材。管孔肉眼下可见。
	气味	气味较小，新木有淡清香味。	气干密度	1.08g/cm³~1.28g/cm³
	荧光反应	木屑用水泡会浸出紫红色液，有荧光，切面有白黄点和白黄丝状的紫檀素，故有"金星金丝紫檀"之称。有的紫檀木屑投入水中即有荧光反应，有的则需较长时间，特别是木块浸泡则需更长时间。		
	划痕	紫檀木在白墙或水泥地上可以写出明显的红色字迹。		

生长在印缅边界一带人工种植的紫檀木树干、树叶图（俗称大叶紫檀）

生长在印度南部迈索尔邦的紫檀木树枝图

紫檀木树皮图

紫檀木树叶图

紫檀木树根图

花梨木树叶图（学名：越柬紫檀）

花梨木树根图（学名：越柬紫檀）

花梨木树叶图（学名：巴拿马紫檀）

花梨木树根图（学名：巴拿马紫檀）

花梨木树叶图（学名：印度紫檀）

花梨木树根图（学名：印度紫檀）

人工种植的紫檀木幼树图（俗称"大叶紫檀"）

人工种植的花梨木幼枝叶图（学名：印度紫檀）

第2节 紫檀木与其他红木对比

2.1 紫檀木木纹与其他红木木纹对比

紫檀木新切面图

黑酸枝木新切面图
(学名:卢氏黑黄檀,业内也称"大叶紫檀")

红酸枝木切面图
(学名:交趾黄檀,业内也称"大红酸枝")

红酸枝木切面图
(学名:巴里黄檀,业内也称"花酸枝""紫酸枝")

花梨木切面图(学名:越柬紫檀,业内称"草花梨")

紫檀木氧化数月后木纹图

2.2 紫檀木家具与其他红木家具对比

紫檀木多宝阁图

紫檀木皇宫椅图

红酸枝木中堂图
（学名：交趾黄檀，红木市场有的将这类偏褐黑色的称为"大叶紫檀"）

名称：黑酸枝木丝翎檀雕（阔叶黄檀）曲屏风（6片）

卢氏黑黄檀书房套图(学名:卢氏黑黄檀，红木市场常常将这类木材称为"大叶紫檀")

2.3 紫檀木浅谈

国家《红木》标准中的紫檀木，是生长于印度南部的檀香紫檀，成材慢，加之受国际贸易公约保护，目前资源奇缺。

《红木》国家标准中紫檀木只有檀香紫檀一种。其芯材导管中含有红色树胶、红色紫檀素和白黄色点。有人也称之为金星紫檀。实际上"金星"能见与否，与芯材的形成时间、锯切的部位有关。因生长条件影响树木细胞的生长而形成交错、扭曲的纹理，有人称为牛毛纹紫檀，实质上都归檀香紫檀。

野生檀香紫檀的产地众说纷纭，经多方查实，其产地目前仅在印度南部迈索尔邦。

檀香紫檀原产地的自然环境，海拔为150~1000米，平均气温13℃~37℃，年降水量为350~1350毫米。多生于干旱多岩石的丘陵山地，其年均增长1.25~1.90厘米。在西陈家拉邦7年生树高5~7米，胸径25~28厘米；生长较好者，7~8年后高可达7~9米，胸径35~40厘米；优势木高可达8~14米，胸径40~50厘米，通常18~20年可形成芯材。

檀香紫檀隶属豆科中的蝶形花科，在《红木》国家标准中与花梨木同为紫檀木属，但两者无论在颜色、气味、花纹和木材构造、木材材性等方面都不同，是不同的两种树。

目前，檀香紫檀木材不但价格高，而且货少。究其原因，是CLTES国际贸易公约附录Ⅱ中已将其列为二级保护植物，非经产材国批准，很难出口。当然，不是现在才货源短缺，早在清代已有缺货的情况出现。田家青在《清代家具》中介绍："从查阅清宫的资料来看，到乾隆去世时，紫禁城皇家造办处大致做了不下两千件紫檀木家具，宫中的紫檀木已所剩无几。自此之后，基本没再动用，直到光绪帝亲政和大婚时，才使用了一批来修缮和制作家具。"可见紫檀木极其稀有珍贵。

仿古紫檀木博古架

2.4 紫檀木与黑酸枝木的鉴别

在三十三种国标红木中，最难鉴别的就是紫檀木（树种名称：檀香紫檀）。目前，市场上常见、高度类似檀香紫檀的主要有两种黑酸枝木：一种是非洲的卢氏黑黄檀，市场上通常俗称"大叶紫檀"；另一种是东非黑黄檀，市场上通常俗称"血檀"。实际上这两种黑黄檀属于国标红木中的黑酸枝木。

重量比——檀香紫檀比这两种黑酸枝木重。

颜色比——卢氏黑黄檀偏褐玫瑰色。檀香紫檀和东非黑黄檀这两种木材颜色十分相似，都为褐红黑色。檀香紫檀与东非黑黄檀的主要区别只是檀香紫檀做成的家具天长日久颜色逐渐氧化后会变得比东非黑黄檀更深更褐黑，更难见到清晰的纹路。檀香紫檀氧化快，数月就有大变色，东非黑黄檀（市场上通常俗称"血檀"）氧化慢，短期内没有多大变色。

气味比——檀香紫檀有微弱清香味，两种黑酸枝木有较大的酸醋味。

木纹比——檀香紫檀做成家具后，木色逐渐

紫檀木手珠和东非一种黄檀（俗称"血檀"）手珠（左为紫檀木，右为东非一种黄檀）

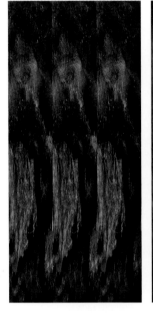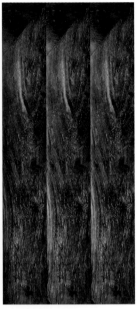

左为卢氏黑黄檀，右为紫檀木。

上为新切紫檀木，下为新切东非黑黄檀。

氧化发黑，木纹不明显，两种黑酸枝木的木纹深褐黑较明显。檀香紫檀木质纤维甚细，木纹细，两种黑酸枝木木质纤维较粗，木纹更大。檀香紫檀的紫檀素更明显、更多。

当然，不是业内行家要准确地区分出这三种木材肯定很困难，即便是业内行家或专业学者也并非用肉眼就能快速、准确地鉴定出这三种木材，一般都要经过有关科研机构切片检验才能搞得准确。

目前市场上出售的假紫檀木家具和工艺品，大多数就是用卢氏黑黄檀和东非黑黄檀这两种黑酸枝木冒充。这两种黑酸枝木的价格同交趾黄檀（市场俗称大红酸枝）差不多，如果买错了肯定就吃大亏。

紫檀木数月氧化后木纹木色

紫檀木新切面木纹木色

仿古紫檀木扶手椅

第3节 紫檀木家具

　　紫檀木是世界上最珍贵的木材之一，主要产于印度南部的迈索尔邦。紫檀木是比较难识别的树种之一。其色褐红而深，纹路不明显，卢氏黑黄檀、东非黑黄檀、黑酸枝木、红酸枝木的颜色、密度、纹路都与之十分相似。一般不通过木材检验机构用切片来检测，很难下准确定义。这些年，商人为了高额利润，把卢氏黑黄檀、东非黑黄檀、黑酸枝木、红酸枝木从中国倒运到印度南部和云南边境口岸，冒充印度大叶紫檀木出售。一些对紫檀木了解不多的采购商上了当买了假紫檀木也不知道。这些非紫檀木大多数还是流向了中国内地红木加工厂，有些厂家发现是假料了，面对昂贵的进货成本亏不起，将假就假，将非紫檀木制作的家具冠名"大叶紫檀木家具"，一批又一批推向市场。可以不夸张地说，在中国家具市场上出售的大叶紫檀木家具差不多有80%都是假的。购买紫檀木家具必须找行家帮买，要三思而后买，慎之又慎。

　　古典紫檀木家具市价是十分昂贵的，一件清初紫檀木条案在海外拍卖价已超过50万美元。国内的古典紫檀木家具也价格飞涨。现代的仿古紫檀木家具，虽然是新作，但这类木材的家具一般都是由一流师傅亲自制作，而且随着紫檀木的原材料匮乏，将来价格也会猛升，值得投资和收藏。

　　紫檀木家具极尽奢华，为清代宫廷使用家具的首选材料。紫檀木家具经长期使用，其表面会

仿古紫檀木扶手椅

产生自然氧化，因长期汗渍浸、手抚摸而形成一层酷似角质的润泽透亮表层，也就是家具行里常说的"包浆"。目前没有任何工艺可仿造出"包浆"。清代的紫檀木家具价格是清代楠木家具价格的100倍，是花梨木家具的20倍。现代的紫檀木家具是现代楠木家具的100倍，也是花梨木家具的20倍，可见其身价从古至今一直远高于寻常材料。用紫檀木制作的家具有两种形式，一种是不加雕饰，外观朴素，充分展示紫檀木的天然质感；另一种为利用紫檀木细密的质地和极高的可塑性，精雕细琢。明式家具前者居多，清式家具则以后者居多。

清代宫廷中紫檀木家具最多，主要由广东、江苏两地的大师级工匠制作。这两个地方当时是著名的家具产地，能进宫制作家具对当时的工匠来说是一件荣耀之事，地方和宫廷造办处都会发给安家费，而且工银丰厚。据传，好工匠的工银甚至高于一般知县的俸银。如果活计做得好，还有额外赏银和赏物，每年有带薪探亲的假期，发给路费盘缠，多种优厚待遇，使工匠们既安心地做工，同时也把自己的技艺发挥到极致。明清时期的家具还有一个特点，就是很多家具是由出名的大师和文人共同设计制作，所以这一时期的紫檀木家具不仅富丽华贵，而且具有极高的工艺水平，很多由文人参与设计制作的家具带有浓厚的文化意蕴。流传至今的明清紫檀木家具绝大多数都保存在北京故宫和庙宇里，流传在民间且保存完整的宫廷紫檀木家具只是凤毛麟角。现在市场上的紫檀木家具绝大多数都是近代和现代的仿制品。但如果艺术造型好，制作工艺好，也具有很高的价值。

3.1 檀木的种类和分类法

经过长时间的反复研究，植物学家及木材学家表明，紫檀木只有一种，即檀香紫檀。而一些明清家具研究专家、收藏家却认为至少应有两种以上，但至今没有找到任何科学根据。

中国红木家具市场上对紫檀木有两种叫法：一种称为小叶紫檀，一种称为大叶紫檀。市场上通常叫的小叶紫檀实际上就是檀香紫檀，是真紫檀木。包括两种料，一种为自然生长的野生紫檀木。野生紫檀木都生长在高山陡坡之上，生长缓慢，油性大，密度高，气干密度一般达到1.1g/cm³以上，色紫红和紫黑。另一种为人工种植的紫檀木，人工种植的都种植在平原土地肥沃的地区，护管好，施肥足，生长快，木质呈橘红色或鲜红色，密度小，一般达不到1.1g/cm³，只在0.85g/cm³左右，素木家具手划会留划痕。价格也只是野生紫檀木的三分之一左右。人工种植的紫檀木树叶肥大，销售的当地林农把它称为大叶紫檀，但它还是真的檀香紫檀，这与国内红木家具市场上俗称的大叶紫檀并不是一回事。市场上称的大叶紫檀，实际上是东非黑黄檀和卢氏黑黄檀。这两种木材都不属于檀香紫檀，是非洲的两种黑酸枝木。红木市场上有的也把产自老挝、柬埔寨和越南的黑酸枝木充作檀香紫檀。现在紫檀木市场很混乱，有的不法商人将很像檀香紫檀的卢氏黑黄檀运到印缅边界口岸销售；有的是在檀香紫檀中掺进一些卢氏黑黄檀，防不胜防，真假难辨。而紫檀木由于色较深，纹路不明显，做成家具再上漆很难鉴别，尤其是雕刻繁多的家具更难辨别。要把东非黑黄檀、卢氏黑黄檀和东南亚黑酸枝木准确无误鉴别出来，就木检机构而言不通过切片检测都难以下结论。因此，紫檀木家具和工艺品，现在假货较多，一不小心就会上当受骗。

人工种植的紫檀木扶手椅图（俗称"大叶紫檀"）

仿古紫檀木绣墩桌

红木家具行内通常将檀香紫檀按木色和纹路两类来划分。

按颜色分：可分为紫黑、深红、鲜红三种。紫黑的木质很细腻，密度大，颜色很难说准是紫黑还是紫褐，也很难说准是紫里有褐还是褐里透紫。总之是紫中带褐，褐中有紫。截面有如角质一样的美感，表面油性很大，仿佛上过油打过蜡。深红整体上说就是色比紫褐稍浅一点儿，木质差不多。鲜红这种紫檀木颜色鲜艳，大多就是人工种植的紫檀木，重量较轻，木质相对较差，油性小，外表干枯，紫褐那种油质感几乎没有，是紫檀木中较差的一种。

按纹路分：紫檀木按纹路可分为牛毛纹、金星金丝纹和鸡血色无纹三种紫檀木。金星金丝纹，因紫檀木的导管充满橘红黄色树胶及紫檀素而使全身或局部产生肉眼可见的金星金丝纹，油质感较强，这种紫檀木是上品。牛毛纹紫檀木的导管线弯曲似蟹爬痕迹也被称为"蟹爪纹紫檀"，经长期使用存放，其导管线呈灰白色，形似卷曲的牛毛纹，故称"牛毛纹紫檀"，此紫檀木为中品。鸡血色无纹紫檀木，这是较差的紫檀木，几乎没有纹路，颜色发暗似鸡血，此紫檀木为下品。

3.2 紫檀木和紫檀木家具的鉴别方法

在各种硬木中紫檀木质地最为细密，木材的分量最重，木纹不明显。紫檀木的木屑放在白酒中，木屑便立即分解成粉红色，且与酒形成较黏的胶状物，倾倒时能连成线，这是鉴别紫檀木的有效方法。紫檀木的产地主要在印度南部迈索尔邦。很少有大料，圆料直径多在20厘米左右，再大就会空心而无法使用。紫檀木木纹不明显，色泽紫黑或紫褐，有的黝黑如漆，几乎看不出纹理。打磨后有明显木线即棕眼出现。我国自古认为紫檀木是名贵木材之一。

3.3 老紫檀木家具的鉴别

鉴别时，紫檀木家具分老家具和新家具两种。老家具鉴别较困难，新家具鉴别相对容易。

一是弄清家具的来源。目的是通过了解来源从直觉上分辨出一些问题。

二是看包浆。无论现代科技如何发达，目前还没有证据证明有无法识别的人工制作的假包浆。放置在室内的紫檀木家具，主要看包浆。因为年代久远，家具表面与空气充分接触而发生氧化，颜色变深，加之长期汗渍手摸，表面显照出角质一样穿透般的亮光，这就是包浆。人造包浆，有亮度无氧化程度，很容易辨别。表面做旧的家具，发乌发暗无亮度，有些做旧的家具虽然亮但无汗渍感和角质感。作假亮度与长久手摸出的穿透般角质亮有很大区别，辨别起来并不难。而且，做旧家具用刀具、砂纸在不显眼处轻轻一刮一擦就会显现新木颜色。放置在屋外的家具没有包浆，但有木筋。木筋是随着岁月侵蚀而在家具表面形成的凹凸不平的现象。现在除了用做仿古地板的方法刷磨出透木筋的表面外，其他方法无法作假。

三是看纹理。只要紫檀木家具不放在窗口、门口，不常被阳光照射，从纹路上可分辨得出材质。因古典的紫檀木大多数是金星金丝紫檀，鉴别起来并不困难。

四是凭手感。如果经常阳光照射又风吹雨蚀，紫檀木家具表面就会呈咖啡色或灰白色。但其纤丝如绒的卷曲纹路及细腻光滑如肌肤的手感是其他任何木材都无法代替的。打一打蜡，反复擦拭后，其高贵、沉穆、雍容华贵的本质会表露显现。

紫檀木家具同其他家具一样，有全假、半假、次质三种。全假好鉴别，半假就很难辨别。因为是真真假假，通体不是一种木材，难免看走眼，混淆判断。次质主要是木质差，多用白边料、碎拼料、芯材裂材，一层又一层、补丁加补丁地加工而成，很少有整料。这种次质家具虽然表面看是真料整料，但价值不高，一般只为整块料或两拼三拼料的一半以下价格。

仿古紫檀木镶嵌香枝木葡萄沙发十一件套

紫檀木云龙宝座三件套

紫檀木宝座两件套

3.4 新紫檀木家具的鉴别

一是了解家具生产厂家。紫檀木无论古典家具或现代家具都比较昂贵，购买时首先要考察生产厂家的信誉或经销商的信誉与实力，目的是初步判断来路的真假和货源的真假。

二是找行家帮助鉴别。一般的购买者，要分辨出紫檀木的真伪很难，最好找精通紫檀木的行家帮助鉴别，这样就可避免买到假货和次货。

三是从重量、纹路上鉴别。紫檀木密度极高，比重大，一般木材没有这样重的分量，掂一掂重量，可以大至分辨。虽然说紫檀木的纹路不明显，但纹路不乱。金星金丝纹紫檀木很明显，带有金色的紫檀素，犹如星空万里，星光闪烁。牛毛纹紫檀木有花梨木的交织纹，纹路内有白黄色状线条，很容易鉴别。

四是看包浆和油漆。紫檀木木质极细腻，它的包浆比任何红木都明显，这是鉴别紫檀木的好方法。看油漆也是一种方法，紫檀木的天然色和添加色有很大区别，天然色有高贵、耀眼之感，只要是添加色就要考虑假和次的问题了。

五是问价格。紫檀木家具价格很高，原材每

仿古紫檀木云龙罗汉床两件套

吨一般都在六十万元以上，原木一是小，二是空，出材率很低。以每吨六十万元来计算，再加上加工费、税费、运费和商家利润，销售价格每千克应该在1200~1800元左右。如果经过讨价还价，销售价格在1200元以下，就得考虑真假问题了。

3.5 紫檀木与大叶紫檀

红木家具市场通常把真紫檀木称为"小叶紫檀""牛毛纹紫檀""金星金丝紫檀"。中文学名是檀香紫檀。紫檀木为豆科，紫檀属，紫檀木类，檀香紫檀树种。紫檀属共有70个树种，檀香紫檀是唯一一种真紫檀木，其他69种为花梨木，花梨木中有7种收为国标红木，如越柬紫檀即越南、老挝花梨木，大果紫檀即缅甸花梨木。真紫檀木产自印度南部的迈索尔邦。大叶紫檀也属于真紫檀木，所不同的是它是在印缅边界地区，是人工种植的紫檀木。真正红木家具市场上称作"大叶紫檀"的几乎都是东非黑黄檀和卢氏黑黄檀，属于黑酸枝木一类，不属于紫檀木。

紫檀木镶嵌香枝木卷书山水沙发

仿古紫檀木云龙罗汉床两件套（局部）

大叶紫檀，气干密度只在$0.88g/cm^3$左右，木质松软，指甲可刻划出印迹。色橘红，价格较低。目前市场上冒充大叶紫檀的木头较多，主要有三种：黑酸枝木、卢氏黑黄檀和东非黑黄檀。作假的方法有两种：一种为通体是假木。另外一种是部分为假木，即面板、面枋和显眼处用真材，雕刻多或其他不易看到的部位用假材。作假的漆色较深，不易辨别，纹路难见，用手摸无细腻柔软的肌肤感。

3.6 紫檀木与卢氏黑黄檀的区别

卢氏黑黄檀是非洲产的黑酸枝木。卢氏黑黄檀颜色偏紫玫瑰红，也有金星金丝，业内也叫"紫光檀"。这种黑酸枝木与紫檀木十分相像，有些重量比紫檀木还要重。现在市场上不法商人常常用来冒充大叶紫檀，不少红木家具爱好者和收藏者上当受骗吃了大亏。

一直以来，人们对于檀香紫檀（俗称"小叶紫檀"）都青睐有加。一些不法商贩便利用这一点，用其他一些类似的硬木冒充檀香紫檀，产自非洲马达加斯加的卢氏黑黄檀，俗称"大叶紫檀"的便是其中主要的一种。其实，仔细观察的话，檀香紫檀是非常有特点的。只要掌握了要点，就能与卢氏黑黄檀区分开来。

材质分类	檀香紫檀	卢氏黑黄檀
香气	无或香气微弱	有酸香气味
重量	沉于水	沉于水，其中比重小于1的会浮于水
板面材色	紫色或深紫红色	新开面呈橘红色，久后为深紫或深咖啡色
荧光反应	有	无
导管	充满红色树胶及紫檀素	导管线色深，与本色对比大
油质感	强	强，比重轻者差
纹理	纹理较直，花纹较少	花纹明显，局部卷曲
木材特征	弯曲多，空洞多，小料多	料大，料直，料无洞

第4节 红木知识

4.1 中国红木家具的两个重要时期

　　总体上说，中国红木家具有两个重要时期，就是明清时期和21世纪前后期。明清时期是红木家具起源期、基础期、定型期和顶峰期，是红木家具的鼎盛时期。直至今日，中国现代红木家具的绝大多数款式、造型、规格、工艺、雕刻、装饰和结构都没有从明清古典家具中完全脱胎换骨出来，或多或少都有明清古典家具的影子，并没有质的飞跃。换句话说，现代种类繁多的红木家具，绝大多数依然是明清家具的体制、发展和改制。21世纪前后期中国红木家具又是一个继承期、扬弃期和发展期，是红木家具的又一个重要时期。这一时期主要是数量上空前绝后的大发展。细分有三个阶段：第一，20世纪五六十年代。这一阶段大量仿古红木家具和工艺品主要是出口到国外。第二，20世纪90年代中后期，价钱便宜的红木家具开始进入寻常百姓家庭。第三，2000年后，红木家具空前发展，香枝木、紫檀木和红酸枝木等高档上品红木家具大量出现。可以预见，随着红木原材料的逐渐匮乏，将来红木家具的数量肯定无法达到近十年这样大的产量了。

仿古大叶紫檀圈椅三件套

4.2 古典家具装饰特点

　　唐代经济昌盛、文化兴盛、思想开阔、多民族文化大融合以及与国际艺术的交流，极大地促进了工艺美术的发展。唐代家具雕刻题材广泛，装饰多样化是一大特点。外来舞乐、民族习俗在家具纹饰中都有所体现。宋代工艺美术受儒家思想的影响，以造型和色彩取胜，重视静态含蓄的美。辽、金、元纹样具有质朴、豪放的特色，体现在家具雕刻中，花草纹饰多，并多与人物故事组合，具有浓郁民族特色。

　　明代务实致用的思想，对工艺的发展产生着重要的影响。明快、大方、富于装饰美的风格在织锦、陶瓷、漆器、景泰蓝和家具中都有丰富的展现。明代的这些艺术风格对当代工艺美术特别是家具雕刻及款式产生了深远影响，如今天的家具有一类装饰风格就称为"明式家具"，即源于明代流畅的线条轮廓，古朴、厚重、饱满的造型，给人最突出的观感，匀称简明，做工精致，装饰不烦琐。清代重视实学，倡导实践，早期家具承袭明代风格，到雍、乾、嘉时期，装饰手法花样层出不穷，大量使用吉祥图案，造型饱满，工艺精良繁缛，线条多柔曲，局部精巧细腻，通身纹饰雕刻富丽堂皇，华贵庄重。特别值得一提的是，明清时期的纹样、图饰的理念，审美观较为成熟、实用，直至今日对家具纹饰都有着极其重要的影响和指导作用。近代西方文化艺术的传入，亦有益于工艺美术的发展。制作工艺技术性强，装饰手法多种多样，工艺技术的综合利用，促进了家具的发展。

4.3 古典、仿古红木家具的价值主要看树种

专家普遍认为，一件古典红木家具的价值大致取决于树种、年代、做工和款式四个方面。为什么把树种排在第一位？这是因为在红木家具成本中，占大头的成本是木材，其次才是加工成本。众所周知树种的名贵程度决定红木家具的价值。明代收藏价值较高的是香枝木，清代收藏价值较高的是紫檀木，这两类家具存世量不超过一万件，其珍贵程度可想而知。红酸枝木家具近年升温较快，也值得收藏。古典白木（杂木）家具收藏价值虽然也有，但远不如仿古的黄、黑、红三类红木家具，须慎重收藏。如清初的香枝木雕云龙四件柜，2004年的价格就达1100万元，但差不多同朝代、同工艺的白木四件柜，价值只是几万元，两者的收藏价值就没有可比性了。现代的仿古极品越南北方香枝木四件柜，2011年的市场价高达1000万元左右。因此消费者和收藏者应三思而后买。

仿古紫檀木架子床

4.4 仿古红木家具的市场状况

古典红木家具，主要是指明清的宫廷家具，其木材主要为香枝木和紫檀木，现大多数都陈列在故宫和一些博物馆中，流传民间的可以说少之又少，拥有真品者都留在手中，也不愿再出售，所以说民间流传的绝大多数都是仿制红

现代紫檀木中式大床

仿古紫檀木四件柜

木家具。高仿红木家具，因采用了上等的香枝木、紫檀木、红酸枝木制作，而且都是现代工艺高手加精密机器结合精制而成，其售价又只是明清红木家具的几十分之一，所以具有较大的升值空间。

　　现代仿古红木家具市场较复杂，假货极多，主要有三种：一种为纯假，也就是全部用假红木制作；一种为半假，即用真红木厚皮包白木制作而成或真假两种木材混用；还有一种为挂羊头卖狗肉，即是真红木，但只是一般的黑酸枝木，却按大叶紫檀推销，造成消费者和收藏者无法辨别真伪。购买红木家具时最好找家具行业的朋友帮助鉴定，或者到信誉较好的厂家、专卖店购买，避免上当。如一套雕刻简单的7件中式长方桌，木质一般的越南北部香枝木成本价在68万元左右，如果商家只卖67万元以下，就要考虑它的真假了。同样的红酸枝木餐桌的成本价在4万元左右，如果只卖3.9万元以下，应该就有问题了。还是同样的餐桌，越南和缅甸的花梨木，其成本不低于1.7万

仿古紫檀木拔步床

元，如果只卖1.6万元以下就应该考虑它的真假了。目前价格由低到高的红木家具依次为鸡翅木家具、花梨木家具、白酸枝木家具、条纹乌木和乌木家具、红酸枝木家具、黑酸枝木家具、紫檀木家具和香枝木家具。经济不宽裕的消费者和收藏者最好先购买、收藏价格低一点儿的前四类家具，这四类家具，随着木材资源逐渐匮乏，也会渐渐走高，其升值空间比一般家具还大。有实力的收藏者可购买香枝木、紫檀木和红酸枝木家具，有些仿古红木家具吸取了明清家具线条优美的特点，造型古朴清秀，继承了组合严密的结构，加工工艺好，雕刻细腻，具有较高的收藏价值、使用价值和艺术欣赏价值。

4.5 不同树种的红木家具价格比较

不同树种的红木家具价格相差很大。红木家具价格是由制作年代、稀有性、完整性、材质、艺术性、工艺性等决定。根据树种、材质的优劣和市场上红木原材的交易价格，红木家具价格从高到低的排序为：香枝木、紫檀木、黑酸枝木、红酸枝木、条纹乌木、乌木、白酸枝、花梨木、鸡翅木。明清的红木家具主要为宫廷使用的家具和达官贵人使用的家具。在中国封建社会一般富人、地方官僚使用的大多是白木（杂木）家具，也就是榉木、榆木、柏木和核桃木这几种木材制作的家具。香枝木和紫檀木这两种树种的家具，在明清红木家具排行榜中，由于树种、材质、艺术性和工艺性的差别，价格也有一定差距。但香枝木一直是占据明清红木家具排行榜之首。2011年以前，市场上的原材价格一直是海南香枝木第一，越南香枝木第二，紫檀木第三，黑酸枝木和红酸枝木第四，条纹乌木、乌木第五，白酸枝木、花梨木第六，鸡翅木第七。2004年前，越南香枝木价格比紫檀木便宜，2007年5月后价格猛涨，同水平、同材质的越南香枝木价格要比紫檀木价格高五至十倍。价格排列最后的是鸡翅木，红木中鸡翅木家具最便宜。红木家具价格以普通皇宫椅三件套为例（最新参考价）：越南北部黄花梨为250000～300000元一套；越南南部黄花梨为160000～200000元一套；紫檀木为90000～130000元一套；黑酸枝木、红酸枝木为19000～25000元一套；条纹乌木13000～14000元一套；白酸枝木、花梨木8000～9000元一套；鸡翅木只是3500～4000元一套。

4.6 红木家具的收藏价值和享受价值

目前具有升值潜力的红木家具主要有三类：

第一类是明代和清早期在宫廷造办处管理制作的或当时在文人、大师指点下制作的明式家具，木质多为香枝木。

第二类是清朝康熙、雍正、乾隆三代由皇帝亲自监督、宫廷艺术家指导制作的宫廷家具，木质一般是紫檀木。

第三类是仿古家具中较为精致或现代家具中较为经典的红木家具，木质一般为香枝木、紫檀木、黑酸枝木、红酸枝木、条纹乌木五类。明清家具升值空间无限，真品投资几乎没有风险。明清家具即便是软木、白木或杂木家具只要是真品和收购价不高，仍然有升值空间，风险也几乎为零。仿古红木家具和现代经典红木家具，只要是上等真红木制作，工艺精湛，木质优良，随着红木原材料不断匮乏，价格不断攀升，只要购买到合理的价格，升值空间很较大，风险很几乎为零。

中国古典红木家具凭借其本身所具有的实用性及其散发出的东方民族古老文化的魅力，赢得

现代紫檀木圆桌七件套

现代紫檀木长方桌七件套

了越来越多的西方人的喜爱，也得到了大量追求中华民族文化复归的海外华人及具有较高中国古典文化修养的国内知识分子的认同。国际拍卖中价格不断飙升，不断出现惊人的成交价。2004年11月22日，清初黄花梨雕云龙纹四件柜，估价为1000万～1200万元，在北京翰海拍卖成交价为1100万元（2002年到2004年是黄花梨价格最低的阶段）。2002年11月3日，清初黄花梨雕云龙纹四件柜，估价450万～550万元，在中国嘉德拍卖成交价为943.8万元（十年来黄花梨原材料价格已暴涨1000倍以上）。清乾隆紫檀福庆有余四件柜，2004年11月6日在中国嘉德拍卖成交为539万元，而估价只为300万元左右（十年来紫檀木价格也涨了300倍左右）。红酸枝木家具的价格也上升较快，2001年天津文物拍卖公司拍出的清代紫檀贴面雕博古纹红木柜一对，估价仅为70万元，成交价为437.8万元，是估价的六倍多。越南北部香枝木顶箱柜，2004年前极品仅为2万元左右一对，2007年7月后市场卖价一路攀升，到2013年已涨到1000万元左右，其升值速度同样十分惊人。

红木家具是中国文化史的缩影，也是永恒的时尚。过去它主要被具有较高中国古典文化修养的有钱的知识分子所宠爱和收藏。现代随着返古元素不断渗入各个消费领域，喜欢古典家具收藏的人群也不断扩大。俗话说："盛世藏古董，乱世买黄金。"对于喜爱投资的人们而言，投资收藏古典红木家具是不错的选择，是风险较小的投资品种。

现代紫檀木嵌红酸枝木圆桌九件套

仿古紫檀木书房四件套

　　红木家具具有较高的文化价值、历史价值和研究价值，同时它还具备使用价值、收藏价值、升值价值、装饰价值、观赏价值和享受价值等。拥有一件精美的香枝木、紫檀木或红酸枝木家具是身份、地位、财富、文化修养和品位的象征。这种收藏的文化价值远远超过买豪车。一辆车使用时间越长，养护投入越来越多，不仅成为烧钱的工具，而且汽车本身的价值会不断缩水。而买一件精美的香枝木、紫檀木或红酸枝木家具，三年后升值最少也会超过30%，多至翻几倍。在家中收藏有艺术品位较高的家具，亲朋好友来访时看到，也会由衷地赞叹主人的品位。古董收藏中，家具最受收藏者青睐，这是由家具的价值所决定的。有钱人，无论你买的房子多昂贵、装潢如何豪华，都不及摆设几件精美绝伦的高档红木家具更能体现身份、地位、品位、文化素养和财富的巨大。在重装饰轻装修的装修风尚下，装修房子时应考虑到：客人进入房间时，第一眼大多看到的是客厅的沙发和餐桌，然后才会注意到房子的装修，如果客厅及餐厅的家具搭配得很得当，就能先入为主地给宾客一个主人很有品位的印象。所以说，对家里有余钱又热爱传统文化、热爱收藏的人来说，收藏这样的红木家具何乐而不为呢？

4.7　仿古红木家具升值快，有较好的收藏前景

　　古典红木家具具有文化价值、历史研究价值、使用价值、享受价值、收藏价值、投资价值、装饰价值和观赏价值，这是任何古董都无法相比的。随着古典红木家具价格狂飙高涨，仿古红木家具中的"高仿"红木家具也不断升温，成为收藏、投资的热门项目。以仿清的一套五件中型沙发为例：2004年前香枝木口岸价为20000元/套左右，2012年已攀升到2000000元~2600000元/套。2004年前紫檀木口岸价为60000元/吨左右，2012年已攀升到了800000元/吨。2004年前黑酸枝木、红酸枝

仿古紫檀木画桌

木口岸价为18000元/吨左右，2012年也升到了80000元~100000元/吨。2004年前白酸枝木、花梨木口岸价为9000元/吨左右，2012年升到了23000元/吨。条纹乌木、乌木2004年前口岸价为15000元/吨左右，2012年到了60000元/吨。缅甸鸡翅木2004年前为6000元/吨左右，2012年升到了15000元/吨。在以上九类红木家具中，升值最大为香枝木家具，紫檀木、黑酸枝木、红酸枝木、白酸枝、花梨木、乌木、条纹乌木和鸡翅木家具相对升得少一些，但也都将近翻了三倍。古典红木家具收藏前景固然最好，但数量有限，只减不增，加之近几年又不断外流，很难收藏到真品。随着红木资源逐渐枯竭，高仿红木家具价格也将不断攀升，因此，高仿古典红木家具也有着较好的收藏前景。

4.8 如何收藏红木家具

收藏应分为两大类：一类是古典红木家具，另一类是仿古红木家具。古典红木家具的收藏应具有五大要素：一要有知识。收藏是一种专业性、学术性和实践性很强的科学鉴赏活动，收藏者不仅需要了解藏品的一般专业知识，要熟知掌握藏品的来龙去脉，而且还要研究藏品的文化内涵、科学价值等。要达到这样的高度，没有一定的古典文化功底和相应的知识水平肯定不行。能流传四五百

现代紫檀木大办公桌

年的明清红木家具十分珍贵，现存于世的有些是完整保存的，有些是用几件拼凑的，有的是用一些零星部件拼装的，市场上还有不少是高仿、做旧和杂木作假家具，所以没有一定的专业知识水平和鉴定能力，无法收藏到物有所值的好东西。二要有胆量。在市场竞争相当激烈的今天，古典家具的收藏也是同样面临着高风险考验，要想收藏到精品、珍品，没有超前意识，没有足够的胆量和敢于冒险的精神不行。三要有运气和缘分。古典红木家具的收藏可遇不可求，要善于把握时机，创造条件，寻找机遇。要多到古玩市场走一走、转一转，多看、多见，遇上好东西的机会就增大了。四要有一定的经济实力。五要有法治观念。文物乃国家和民族的共同财富，从事收藏活动者一定要知法、懂法、守法。我们收藏的最终目的还是为了收集、整理、研究、保护和弘扬民族文化。一个真正的收藏家必须是一个爱国主义者，必须是依法收藏，尽力保护好文物。

收藏仿古红木家具要具备三大要素：

一要懂红木家具。所谓仿古红木家具，即仿明清红木家具。是工匠师们继承了明清以来红木家具的造型艺术、制造技艺，用上好、坚硬、细密、色泽典雅、纹路华美的国标红木制作、生产和销售的红木新家具。这些年来，因红木原材料成倍上涨，这类高仿的仿古红木家具价格也很高，如果没有较高的古典文化水平和红木专业知识，不懂得红木家具的来龙去脉，无法收藏到好东西。所谓懂红木家具，必须是懂得明清家具的艺术造型、工艺制作等。工艺水平包括雕刻手法、图饰纹饰、线条装饰、榫卯结构、脚腿联结等。

二要懂得红木的真假。现在市场上的红木家具用材极其混乱。紫檀木用卢氏黑黄檀、东非黑黄檀、黑酸枝木、深褐红酸枝木冒充。香枝木用花梨木的根部料、缅甸白酸枝木和俗称非洲黄花梨学名为红皮铁树的杂木冒充。花梨木家具则用非洲假花梨和亚花梨冒充。条纹乌木用阿诺古夷苏木和褐榄仁冒充。鸡翅木用的则是气干密度远远达不到《红木》国家标准规定的黄鸡翅木代替。而且现在作假不光在工厂的生产环节，已经上升到卖料的源头。例如紫檀木，不法木材商贩将非洲和东南亚比较相似的便宜的卢氏黑黄檀、东非黑黄檀、黑酸枝木、深褐红酸枝木运到真材料出产地掺混着出售，不少没有警惕性和没有较高红木识别水平的购买商上了当，出大价没有买到真紫檀木。有的假木头运到了红木加工厂，连买料商和加工厂的老板都还搞不清真假，形成假卖假买假加工假销售的一条"假龙"。所以说购买、收藏者没有一定识别、鉴别能力，很难买到真东西和有价值的东西。收藏者在搞不清的情况下，可找懂行人帮助鉴别，也可以到信誉良好的厂家和商店去订购和购买。

三要懂得市场行情。影响红木家具的价格因素，不仅是真假，不同树种的差价很大，材质优劣差异也不小。真红木与假红木直接决定红木家具的有无价值问题，但决定红木家具价格高低的因素还是树种和材质问题。如香枝木家具价格比紫檀木家具价格高；紫檀木家具价格比黑酸枝木、红酸枝木家具价格高；黑酸枝木、红酸枝木家具价格分别比条纹乌木、白酸枝木、花梨木、鸡翅木家具价格高。在同一种木材中，因产地不同、生长环境不同价格差别也很大。比如，紫檀木就只有一种，学名为檀香紫檀，业内俗称小叶紫檀。市场上俗称的大叶紫檀与小叶紫檀本来是生长环境不同的差异，并非两种木材。但是，现在市场上推销成两种木材，这显然是个错误。小叶紫檀是自然生长在野外的野生紫檀木，大叶紫檀是在缅甸、印度接壤的平原土地肥沃地带人工种植的紫檀木。人工种植的紫檀，因为地肥水足，阳光充沛，施肥又多管理又好，生长较快，树叶普遍比野生紫檀木树叶大，所以产地林农把它称为"大叶紫檀"。人工种植的大叶紫檀因木质差，价格也比野生小叶紫檀相差一到二倍。红木家具即便是真树种，也不能忽视材质问题。红木家具如果白边料多、虫眼多、补洞多、裂材多，即便是真树种，也属于材质较差的红木家具，价格就大打折扣。白边和髓芯木的寿命相差很大，特别是鸡翅木的白边料最糟糕，五年就腐烂了，但鸡翅木的髓芯木四五百年都还很好。髓芯木是红木的树芯材，也叫死细胞。用红木的髓芯木制作的家具才能叫作红木家具，用红木的白边制作的家具就不能叫作红木家具。

4.9 红木家具收藏三忌

一忌：一口吃成胖子。收藏应该注意一个误区，片面追求收藏价格狂升的明清红木家具，指望一口吃成胖子。明清的家具分为黑、黄、红、白四类，而黑、黄、红三类为红木家具，白为杂木类家具。明清红木家具香枝木、紫檀木、红酸枝木占多数，目前，这些红木家具一般都保存在各博物馆，存民间的较少。要收藏到一件明清红木家具，谈何容易。所以说追求那种一开始收藏就能抓到一件明清价值极高的红木家具，是不现实的，容易买到做旧和作假的家具。目前现代仿制的红木家具是市场上的主流。只要是高仿而不是做旧家具和假红木家具，只要艺术造型好、工艺精湛、做工讲究而不是粗制滥造，只要价格合理而不是高得离谱就可以购买收藏。高仿的红木家具同样具有巨大的升值空间，同样有收藏价值。

二忌：指望一锄头挖个金娃娃。收藏仿制红木家具一是不可能贷款收藏，必须有宽松闲散的资金，需要长期等待，不可能今年收藏，明年就翻倍，指望一锄头就能挖个金娃娃。现在的黑酸枝木、红酸枝木、条纹乌木、乌木、花梨木、鸡翅木的价格虽然每年都在不断上涨，但涨幅最大还是近几年，这些红木在短短几年内翻了几倍，形成这样的增长有很多因素。这些木材，特别是黑酸枝木、红酸枝木在不久的将来也许会成为现在的香枝木、紫檀木一样珍贵的木材，但这个"不久"也

紫檀木中式豪华三面床三件套

许是五年，也许是五十年或者更长时间，不是马上就来到，所以要有良好正确的心态，等待等待再等待。现在购买收藏红木家具，不要单一为了收藏，要把使用、装饰、欣赏放在同一需求水平线来购买、收藏。

三忌：一天就想成专家。有些人会不懂装懂，懂点皮毛就狂称为专家，这种想法在收藏红木家具界肯定要吃亏。鉴定红木家具，首先是要懂树种。这是鉴定红木家具的基本功，没有几年的学习和积累达不到一通百通境界。如：国家认可的红木有三十三种，每一种又有几个产地，每个产地的木材又因土壤、气候、阳光照射的差异而不同，不是从事红木行业的研究者、生产商、销售商，就凭几天在书上、网上和图鉴里见到的几种、几件红木家具，就想把二科、五属、八类、三十三种红木分得清辨得明，那完全不可能，没有实际经验的积累就远远达不到鉴定红木真假的水平。其次要有古典红木家具和现代仿古红木家具的基本知识。如弄不懂红木家具艺术造型、工艺水平、生产年代、存世量、发展过程等知识，就无法搞清是古典还是现代高仿、做旧红木家具，就无法搞清是真红木还是假红木，也同样搞不清是好材还是劣木、价格是高还是低。不懂装懂，懂一点就购买收藏只会交学费，很可能会让收藏者血本无归，元气大伤。最后要有良好的心态，多学、多看、多转、多问，不能急于求成。

仿古紫檀木八片曲屏风

黑酸枝木和红酸枝木

第3章

老挝沙湾拿吉刀状黑黄檀全树貌图

第1节 黑酸枝木概论

1.1 黑酸枝木

黑酸枝木类共有八种树收入国标红木，即刀状黑黄檀、黑黄檀、阔叶黄檀、卢氏黑黄檀、东非黑黄檀、巴西黑黄檀、亚马孙黑黄檀和伯利兹黑黄檀。

老挝沙湾拿吉刀状黑黄檀树叶种子图

缅甸腊戌刀状黑黄檀根部图

1.2 黑酸枝木的种类

　　黑酸枝木和红酸枝木因带有酸醋味而得名。《红木》国家标准中的黑酸枝木类共有八个树种，即刀状黑黄檀、黑黄檀、阔叶黄檀、卢氏黑黄檀、东非黑黄檀、巴西黑黄檀、亚马孙黑黄檀、伯利兹黑黄檀。《红木》国家标准中的红酸枝木类共有七个树种，在后文红酸枝木中会介绍。在十五个黑、红酸枝木树种中，红木市场业内又常常将它分为三类，即黑酸枝木、红酸枝木和白酸枝木。交趾黄檀中被市场俗称为黑酸枝木的与《红木》国家标准中的黑酸枝木不是一个概念，不是一种木材。交趾黄檀是红酸枝木。

中文学名	拉丁文学名	俗称	产地
刀状黑黄檀	Dalbergia cultrata Grah.	黑紫檀	缅甸
黑黄檀	Dalbergia fugca Plerre	黑紫檀	东南亚及中国云南
阔叶黄檀	Dalbergia latifolia Roxb.	黑酸枝	印度、印尼的爪哇
卢氏黑黄檀	Dalbergia louvelii R.Viguier	大叶紫檀、紫光檀	马达加斯加

黑黄檀树干图　　　　　　　　　　　　黑黄檀全树图

中文学名	拉丁文学名	俗称	产地
东非黑黄檀	Dalbergia melanoxylon Guili.& Perr.	大叶紫檀、紫光檀	非洲东部
巴西黑黄檀	Dalbergia nigra Fr.Allem.	黑酸枝	巴西
亚马孙黑黄檀	Dalbergia spruceana Benth.	黑酸枝	巴西
伯利兹黑黄檀	Dalbergia stevensonii Tandl.	黑酸枝	中美洲的伯利兹

科属：八种树均为豆科（LEGUMINOSAE）、黄檀属（Dalbergia）。

形态特征：八种黑酸枝木均为大乔木，高25~30米，直径0.4~0.7米。树皮灰黑色，粗糙皮状。

名称	颜色	纹路	生长轮
刀状黑黄檀	紫黑或紫褐	深褐或栗褐色条纹、纹理颇直	生长轮不明显或略明显
黑黄檀	紫褐、黑褐或栗褐	有暗黄褐或黄栗褐条纹	生长轮不明显或略明显
阔叶黄檀	浅黄褐、黑褐或紫红	有较宽的紫黑色条纹	生长轮不明显或略明显
卢氏黑黄檀	新切面橘红后转褐玫瑰色	纹路交错不显，局部有卷曲	生长轮不明显
东非黑黄檀	黑褐至黄紫褐	纹理直，带黑色条纹	生长轮不明显
巴西黑黄檀	黑褐、巧克力色至紫褐	有明显的黑色窄条纹	生长轮明显
亚马孙黑黄檀	红褐、紫灰褐	黑色条纹，纹理直至略交错	生长轮明显
伯利兹黑黄檀	浅红褐、黑褐或紫褐	纹路直带黑色条纹	生长轮明显

名称	宏观构造	气干密度g/cm³	气味
刀状黑黄檀	散孔材、管孔在肉眼下略见	0.89~1.14	新切面有酸香气味
黑黄檀	散孔材、管孔在肉眼下略见	1.03~1.14	无明显酸香气味
阔叶黄檀	散孔材、管孔在肉眼下明显	0.80~1.1	新切面有酸香气味
卢氏黑黄檀	散孔材、管孔在肉眼下难见	0.95以上	酸香气味微弱
东非黑黄檀	散孔材、管孔在肉眼下可见	1.00~1.3	无酸香味或很微弱
巴西黑黄檀	散孔材、管孔在肉眼下颇明显	0.86~1.01	新切面酸香味浓郁
亚马孙黑黄檀	散孔材、管孔在肉眼下可见	0.90左右	无酸香味或很微弱
伯利兹黑黄檀	散孔材、半环孔材倾向明显	0.93~1.19	无酸香味或很微弱

1.3 越南黑酸枝和黑黄檀的区别

越南黑酸枝：业内常把颜色黑的交趾黄檀叫作"越南黑酸枝"，交趾黄檀也俗称"大红酸枝"和"老红木"。它和《红木》国家标准中的黑酸枝木类八个树种并不是一种木。实际上是同《红木》国家标准中收入的红酸枝木类七个树种中的交趾黄檀为同一种木。主产于老挝、越南和柬埔寨，是红酸枝木类的一个树种。散孔材。生长轮不明显或略明显。芯材新切面呈紫红褐或暗红褐，常带黑褐或栗褐色深条纹。管孔在肉眼下略见，含黑色树胶。有酸香气味，结构细，纹理通常直，气干密度1.01g/cm³~1.09g/cm³。虽然有截然不同的黑、红两种颜色，但它的木质完全一样。红色是在自然状态下正常采伐的交趾黄檀。黑色是在非自然状态下非正常采伐形成的交趾黄檀。黑色产生有三种情况：一是自然站立死树或自然倒树在深山老林长期阴腐，致使颜色百分之九十以上从深褐红变为紫黑或褐黑色；二是林农把原木长期埋在土里或泥塘里，致使颜色百分之九十以上从深褐红变为紫黑或褐黑色；三是老家具表面氧化，从深褐红变为紫黑或褐黑色。

交趾黄檀陈黑料切面木纹图

缅甸阔叶黄檀枋材图　　　　　　卢氏黑黄檀新枋料图

东非黑黄檀新截面图　　　　　　东非黑黄檀木纹图

伯利兹黑黄檀新切面图　　　　　卢氏黑黄檀木纹图

巴西黑黄檀木纹图

亚马孙黑黄檀木纹图

　　黑黄檀：属濒危树种。分布在云南西南部热带山地和缅甸腊戌、八莫等地。由于过度采伐和毁林开荒，森林受到严重破坏，多数中龄树和幼树难以长大成材，数量越来越少。黑黄檀木材构造特征较特殊，生长轮不明显或略明显，芯材新切面紫褐、黑褐或栗褐，常带不明显的紫黄或褐黄色圈纹，颇似水波纹，也近似瘤结纹（鬼脸纹）。含黑色树胶。纹理斜或交错。材质较重极密，气干密度达1.13g/cm³左右，树小，木材多弯曲，做家具没有面板料，主要用于制作高级民族乐器、小型红木家具及工艺雕刻品等。

名称	颜色	纹路	生长轮
黑黄檀	紫褐、黑褐或栗褐	有暗黄褐或黄栗褐条纹	生长轮不明显或略明显
交趾黄檀	紫红或褐红	黑褐或栗褐色深条纹	生长轮不明显或略明显

名称	宏观构造	气干密度g/cm³	气味
黑黄檀	散孔材，管孔在肉眼下略见	1.03~1.14	酸香气味弱
交趾黄檀	散孔材，管孔在肉眼下略见	1.01~1.09	有酸香气味

黑黄檀原木图

黑黄檀原木图

1.4 刀状黑黄檀、黑黄檀和卢氏黑黄檀的六大区别

1.木材颜色	刀状黑黄檀和黑黄檀为紫褐或紫黑；卢氏黑黄檀为紫檀色偏褐玫瑰色。	
2.木材纹路	刀状黑黄檀和黑黄檀为深褐或栗黄褐,略显纹路；卢氏黑黄檀为纹路交错,有局部卷曲,不显纹路。	
3.生长轮	刀状黑黄檀和黑黄檀为生长轮略明显；卢氏黑黄檀为生长轮不明显。	
4.宏观构造	刀状黑黄檀和黑黄檀为散孔材,管孔在肉眼下略见；卢氏黑黄檀为散孔材,管孔在肉眼下难见。	
5.气干密度	刀状黑黄檀和黑黄檀为0.83g/cm³~1.14g/cm³；卢氏黑黄檀均为0.95g/cm³以上。	
6.气味	刀状黑黄檀和黑黄檀新切面有酸香气味；卢氏黑黄檀酸香气味微弱。	

　　刀状黑黄檀：主要产于缅甸。为黑酸枝木类，散孔材。生长轮不明显或略明显。芯材新切面紫黑或紫红褐，常带深褐或栗褐色条纹。管孔在肉眼下略见。轴向薄壁组织较多，在肉眼下明显，主为同心层式波浪形，旁管带状及细线状。木纤维壁厚。木射线在肉眼下不见，波痕在放大镜下可见。新切面有酸香气味，结构细，纹理颇直，气干密度0.89g/cm³~1.14g/cm³。

　　黑黄檀：中文名黑黄檀。为国家Ⅱ级重点保护野生植物（国务院1999年8月4日批准）。黑黄檀为濒危树种，主要分布在云南西南部热带山地和缅甸腊戌、八莫等地。由于过度采伐和毁林开荒，森林受到严重破坏，多数中龄树和幼树难以长大成材，植株数量越来越少。形态特征：落叶乔木，高达20米，直径40厘米左右；树皮厚，平滑或条块状剥落，褐灰色至土黄色。木材构造特征：散孔材。生长轮不明显或略明显。芯材新切面紫褐、黑褐或栗褐，常带不明显的紫或黄褐色窄条花纹，花纹瑰丽很漂亮。管孔在肉眼下略见。轴向薄壁组织颇明显，主为同心层式窄带状。木纤维壁甚厚。木射线在放大镜下明显，波痕亦然。无酸香气味或气味很微弱，结构细，纹理斜或交错。花期3~4月，果熟期翌年2~4月。种子随风飘散，在撂荒地上常可见自然更新小苗。材质坚硬比重较大。用于制作高级民族乐器、小型红木家具及工艺品等。

黑黄檀木纹图

卢氏黑黄檀新开料颜色

　　卢氏黑黄檀：近十年来，一种新的非洲硬木及其制作的家具出现在红木市场和红木家具市场上，这就是卢氏黑黄檀和东非黑黄檀及其制作的家具，市场上俗称"大叶紫檀"。卢氏黑黄檀原产地为马达加斯加。散孔材。生长轮不明显。芯材新切面橘红色，久则转为深紫或黑紫；划痕明显。管孔在肉眼下难见，木纤维壁厚，木射线放大镜下可见，波痕不明显，射线组织同形单列。酸香气微弱，结构甚细至细，纹理交错，有局部卷曲，重量甚重，气干密度0.95g/cm³以上。在很长一段时间，国内有的鉴定机构曾把它鉴定为紫檀木。之所以把它定名为卢氏黑黄檀，源起《红木》国家标

准。不过专家在进行树种鉴定的时候，同时也注意到一点，即将树种解剖后在显微镜下观察，卢氏黑黄檀（俗称"大叶紫檀"）与檀香紫檀其弦切面的显微构造均属单列射线，因此可以断定，两树种有一定的血缘关系，难怪做出的家具外观上有些近似紫檀木。但两者毕竟还是有很大的不同，从物理学特征上来看，气干密度、抗弯强度、弹性核量、顺纹抗压强度等都有差别，从这几方面来看卢氏黑黄檀都不如檀香紫檀。前者的管孔也比后者粗糙。因此，用卢氏黑黄檀制作的家具就远远不如檀香紫檀家具的性能稳定，相比之下较易开裂。从原树外观上比较，两者也有较大差别，卢氏黑黄檀树径稍粗，不像紫檀木有那么多的空洞。开锯时，卢氏黑黄檀有黑酸枝木特有的酸香味，而紫檀木略有辛辣味，久则变为檀香味。但从总体上看，卢氏黑黄檀应该还是一种很不错的商品红木，是黑酸枝木类中的上品，用来制作传统家具有很好的效果。叫它"大叶紫檀"的真正原因，可能在于它的木质和色泽与檀香紫檀有些接近，加上"紫檀"二字，实际上的用意是"攀高枝"。现在我们知道了，"大叶紫檀"俗称的产生，是当初国家没有给它正式定名时，人们随意的一种叫法，很不规范。如今的名称，即卢氏黑黄檀。

1.5 阔叶黄檀、亚马孙黑黄檀和伯利兹黑黄檀的六大区别

1.木材颜色	阔叶黄檀为浅黄红褐或紫红；亚马孙黑黄檀和伯利兹黑黄檀为红褐、深紫灰褐。
2.木材纹路	阔叶黄檀为有较多和相距较宽的紫黑色条纹；亚马孙黑黄檀和伯利兹黑黄檀为黑色条纹，纹理直至略交错。
3.生长轮	阔叶黄檀为生长轮略明显；亚马孙黑黄檀和伯利兹黑黄檀生长轮不明显。
4.宏观构造	阔叶黄檀为散孔材，管孔在肉眼下略见；亚马孙黑黄檀和伯利兹黑黄檀为散孔材，管孔在肉眼下可见。
5.气干密度	阔叶黄檀气干密度0.80g/cm³～1.1g/cm³；亚马孙黑黄檀和伯利兹黑黄檀的气干密度为0.90g/cm³左右。
6.气味	阔叶黄檀新切面有酸香气味；亚马孙黑黄檀和伯利兹黑黄檀无酸香气味或很微弱。

阔叶黄檀：主产于印度、印度尼西亚的爪哇。散孔材，生长轮不明显或略明显。芯材浅黄红褐、黑红褐、紫褐或深紫红，常有较多纹路和紫黑色条纹。木屑泡酒精会浸出有明显紫色的液状。管孔在肉眼下明显，含树胶。轴向薄壁组织颇明显，主为环管束状、聚翼状及波浪形窄带状。木纤维壁薄至略厚，木射线在放大镜下可见。新切面有酸香气味，结构细，纹理交错。

亚马孙黑黄檀：主产于巴西。散孔材。生长轮明显。芯材红褐、深紫灰褐，常带黑色条纹。管孔在肉眼下可见，轴向薄壁组织在放大镜下明显。木纤维壁甚厚。木射线在放大镜下可见，波痕不明显。酸香气味无或很微弱，结构细，纹理直至略交错。

刀状黑黄檀切面木纹图

阔叶黄檀切面木纹图

卢氏黑黄檀切面木纹图

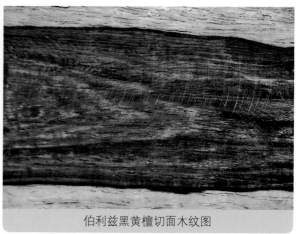

伯利兹黑黄檀切面木纹图

　　伯利兹黑黄檀：主产于伯利兹。散孔材，半环孔材倾向明显。生长轮明显。芯材浅红褐、黑褐或紫褐，常带规则或不规则相间的黑色条纹，色泽比较均匀。管孔在肉眼下明显，轴向薄壁组织在肉眼下略明显，木纤维壁厚。木射线在放大镜下略见，酸香气味无或很微弱，结构细，纹理直。

缅甸腊戌奥氏黄檀全树貌图

老挝沙湾拿交趾里黄檀全树貌图

刀状黑黄檀切面木纹图

老挝沙湾拿吉奥氏黄檀树干图

老挝沙湾拿吉奥氏黄檀树根图

老挝沙湾拿吉交趾黄檀全树貌图

柬埔寨交趾黄檀树干图

第 2 节 红酸枝木概论

2.1 红酸枝木

　　红酸枝木类共有七种树种收入国标红木，即巴里黄檀、赛川黄檀、交趾黄檀、绒毛黄檀、中美洲黄檀、奥氏黄檀、微凹黄檀。

中文学名	拉丁文学名	俗称	产地
巴里黄檀	Dalbergin bariensis Pierre	紫酸枝、花酸枝、老挝红酸枝	热带亚洲（老挝较多）
赛川黄檀	Dalbergia cearensis Ducke.	美洲酸枝	巴西
交趾黄檀	Dalbergia cochinchinensis Pierre	大红酸枝、老红木	越南、老挝、柬埔寨
绒毛黄檀	Dalbergia frulescens var tomentosa Tndl.	美洲酸枝	巴西
中美洲黄檀	Dalbergia granadillo Pittier	美洲酸枝	墨西哥、中美洲
奥氏黄檀	Dalbergia oliveri Gamb.	白酸枝、黄酸枝、花酸枝	缅甸、泰国
微凹黄檀	Dalbergia retusa Hesml.	美洲酸枝	中美洲

科属：七种树均为豆科（LEGUMINOSAE），黄檀属（Dalbergia）。

老挝奥氏黄檀树叶、种子图 香枝木树叶、种子图

中文学名	颜色	纹路	生长轮
巴里黄檀	紫红或暗褐红	黑褐或栗褐色细条纹	明显
赛川黄檀	紫红或深红	深褐或栗褐色条纹	明显
交趾黄檀	紫红或褐红	黑褐或栗褐色深条纹	不明显或略明显
绒毛黄檀	褐红或紫红	深红褐或橙红褐色条纹	明显
中美洲黄檀	橘红或深红	褐黑色条纹	明显
奥氏黄檀	粉黄红或浅紫褐红	褐黑或褐紫条纹	明显
微凹黄檀	橘红或深红	黑色条纹	明显

形态特征：七种红酸枝木均为大乔木。高达30~40米，直径0.4～0.7米。树皮褐黑或灰白色，半粗皮或细皮壳。

柬埔寨交趾黄檀树叶图 缅甸奥氏黄檀树叶、种子图

中文学名	宏观构造	气干密度（g/cm³）	气味
巴里黄檀	散孔材，管孔在肉眼下略见	1.07~1.09	无酸香味或微弱
赛川黄檀	散孔材，管孔在肉眼下略见	0.89~1.03	无酸香味或微弱

中文学名	宏观构造	气干密度（g/cm³）	气味
交趾黄檀	散孔材，管孔在肉眼下略见	1.01~1.09	有酸香气味
绒毛黄檀	散孔材，半环孔材、管孔肉眼可见	0.9~1.1	酸香气味弱
中美洲黄檀	散孔材，管孔在肉眼下可见	0.98~1.22	有辛辣酸味
奥氏黄檀	散孔材，管孔在肉眼下颇明显	1.00以上	酸香气味浓郁
微凹黄檀	散孔材，管孔在肉眼下颇明显	0.98~1.22	有辛辣酸味

老挝奥氏黄檀树根图

老挝巴里黄檀树叶图

老挝巴里黄檀树叶图

2.2 交趾黄檀的来历

交趾，又名交阯，中国古代地名，位于今越南社会主义共和国。"交趾"一名在越南古时即已有之。公元前111年，汉武帝灭古南越国，并在今越南北部设立交趾、九真、日南三郡，实施直接的行政管理，交趾郡治交趾县即位于今越南河内。后来武帝在全国设立十三刺史部时，将包括交趾在内的7个郡分为交趾刺史部，后世称为交州。

古代越南北部交趾郡盛产红酸枝木，且品质上乘，所以此地产的红酸枝木以"交趾"冠名，又因红酸枝木归黄檀属，故称为"交趾黄檀"。进入21世纪后越南北部就基本无交趾黄檀采伐，现在的交趾黄檀主要产自老挝与越南交界的沙湾拿吉和柬埔寨与越南交界的占巴塞等地。

老挝沙湾拿吉奥氏黄檀鲜果实及干果实图

2.3 交趾黄檀

　　交趾黄檀在《红木》国家标准中归为红酸枝木类。市场上为区别于红酸枝木类的其他树种，通常称为"大红酸枝"和"老红木"。红木家具业内认为此木材是清中期以来红木家具的主要用材之一。目前红木家具使用的产于东南亚地区的红酸枝木主要为交趾黄檀、巴里黄檀和奥氏黄檀，其中交趾黄檀为上品，价格也最高。

　　交趾黄檀为大乔木，高度一般在30~50米，主干直径可达60~80厘米，有些树有几个主干和分枝。树皮光滑而坚硬，浅褐黄至灰褐色。叶的形态为不均等的羽状复叶，叶序互生或半对生，花白色，果实为扁平的线状闭果，属于豆荚果类型。现主要分布于越南、老挝及柬埔寨。交趾黄檀，木材芯边材区别明显，芯材新切面黑红褐或暗红褐，有黑褐色或栗褐色条纹，边材黄白色。生长轮不明显，管孔在肉眼下可见，散孔材。木材含水率12%时，气干密度为1.01g/cm^3~1.09g/cm^3，具光泽，强度高，硬度大，耐腐蚀性强，抗虫性强，纹理通常有直有曲，结构细而均匀。

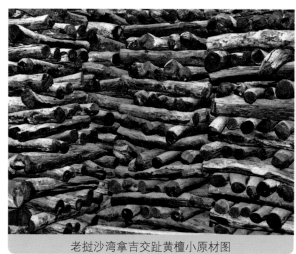

老挝沙湾拿吉交趾黄檀小原材图　　　　　　老挝沙湾拿吉交趾黄檀新截面图

老挝沙湾拿吉交趾黄檀新切面图

老挝沙湾拿吉巴里黄檀切面木纹图

老挝沙湾拿吉巴里黄檀截面图

老挝沙湾拿吉交趾黄檀切面木纹图

越南广平交趾黄檀新切面木纹图

越南广平交趾黄檀板材图

柬埔寨交趾黄檀新切面图

柬埔寨交趾黄檀小枋材图

赛川黄檀新切面木纹图

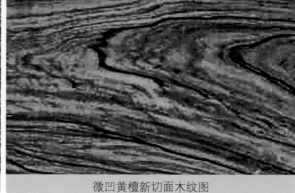

微凹黄檀新切面木纹图

2.4 红酸枝木的种类

酸枝木因带有酸醋味而得名。狭义的古典红木就是酸枝木。"红木"这样的俗称主要在长江三角洲地区，人们习惯将酸枝木制作的家具叫作"红木"家具。清代家具中指的"红木"家具从狭义讲，就是指酸枝木（广义的红木就是《红木》国家标准确定的2科5属8类33种）。红木树种中的酸枝木，黑酸枝木类共有8个树种，红酸枝木类共有7个树种，即巴里黄檀、赛川黄檀、交趾黄檀、绒毛黄檀、中美洲黄檀、奥氏黄檀、微凹黄檀。在15个酸枝木树种中，业内又习惯分为三种，即黑酸枝木、红酸枝木和白酸枝木。交趾黄檀中被市场俗称为黑酸枝木的，与《红木》国家标准中的黑酸枝木不是一个概念，不是一种树木，只是采伐方式和氧化过程不同而造成颜色不同，其实都是红酸枝木。《红木》国家标准中的红酸枝木类的奥氏黄檀，业内也称白酸枝、花酸枝和黄酸枝。这种木材与其他红酸枝木的木质和价格确实有区别，这类家具占市场份额较大，买木材或家具前完全有必要弄清这种木材的特点和区别。

2.5 红酸枝木和白酸枝木

红酸枝木：国标红酸枝木类共有7个树种，即巴里黄檀、赛川黄檀、交趾黄檀、绒毛黄檀、中美洲黄檀、奥氏黄檀、微凹黄檀。业内习惯将7个树种中的6个归为红酸枝木，1个归为白酸枝木。白酸枝木就是奥氏黄檀。

白酸枝木：业内俗称的白酸枝木就是奥氏黄檀，也称花酸枝、黄酸枝。《国标》红木中没有白酸枝的分类，奥氏黄檀归为红酸枝木，广义讲，白酸枝木主要是分辨颜色。白酸枝木主要产自缅甸、老挝和泰国。从颜色纹路上白酸枝木又分为三种，即白酸枝、花酸枝和黄酸枝。花酸枝是白酸枝木中的上品。花酸枝颜色较紫红，同红酸枝木接近，只是红酸枝木的红偏深红，花酸枝的红色偏紫玫瑰色。花酸枝纹路紫黑或褐黑而且十分明显，纹路比红酸枝木多，很漂亮，层次感明晰，所以才俗称花酸枝。花酸枝分量较重，气干密度1.01g/cm³～1.09g/cm³，有些比红酸枝木还要重。在木材产地花酸枝价格比黄酸枝、白酸枝高，略低于红酸枝木。在越南西贡红木家具市场，花酸枝和红酸枝木家具价格一样。黄酸枝和白酸枝主要以颜色分。偏黄为黄酸枝，偏白为白酸枝。两种的纹路较粗较少，颜色与木纹同缅甸花梨木很相近。它的木质也同缅甸花梨木差不多，价格也差不多，很多工厂的木工做底料、小料时图方便常常会与花梨木混用。

主要区别：

1	木材颜色	红酸枝木为深红或褐红；白酸枝为白黄红、黄红或深紫玫瑰红。
2	木材纹路	红酸枝木为黑褐或栗褐色深条纹；白酸枝为褐或褐紫条纹。
3	生长轮	红酸枝木生长轮不明显或略明显；白酸枝生长轮明显。
4	宏观构造	红酸枝木为散孔材，管孔在肉眼下略见；白酸枝为散孔材，管孔在肉眼下颇明显。
5	气干密度	红酸枝木为1.01g/cm³～1.09g/cm³；白酸枝为1.00g/cm³左右。
6	气味	红酸枝木有酸香气味；白酸枝酸香气味浓郁。

南美酸枝（非红木）靠背餐椅

2.6 巴里黄檀与奥氏黄檀

目前，在酸枝木类木材中巴里黄檀和奥氏黄檀是市场上流通量相对比较大的树种。在红木家具市场中，由于这两种木材不管是宏观上还是微观上都比较相似，红木家具企业和消费者都很难区分，导致市场上巴里黄檀和奥氏黄檀树种的标志较为混乱。实际上，这两个树种不管是木质上还是价格上均有所不同。

巴里黄檀在《红木》国家标准中归为红酸枝木类。主产于柬埔寨、泰国、老挝等地，红木行业有"紫酸枝""花酸枝"之俗称。

奥氏黄檀在《红木》国家标准中也归为红酸枝木类。主产于缅甸、泰国和老挝。红木行业有"黄酸枝""白酸枝""花酸枝"之俗称。

巴里黄檀木材特征:芯边材区别明显,边材色浅,芯材新切面红黄色至紫褐色,常带深浅相间的黑褐或栗褐色条纹。生长轮不明显或略明显。管孔肉眼下略明显至明显,少量径列复管孔,管孔含深色树胶。轴向薄壁组织放大镜下可见,主要为带状及环管状。与射线相交呈网状结构明显。木射线在放大镜下明显。波痕放大镜下可见。有酸香气味。木材微观特征:散孔材。材性:木材气干密度为1.07g/cm³~1.09g/cm³,具光泽,强度高,硬度大,耐腐蚀性强,抗虫性强,结构细,略均匀,纹理交错。

缅甸腊戌奥氏黄檀木纹图　　　　　　　　　老挝沙湾拿吉交趾黄檀木纹图

奥氏黄檀宏观特征:芯边材区别明显,边材色浅,黄白色,芯材新切面浅粉黄至黄红色,少量带明显的黑色条纹。生长轮明显或略明显。管孔肉眼下可见至明显,单管孔,少量径列复管孔,大小不一。导管中常含黄褐至红褐树胶,轴向薄壁组织丰富,肉眼下明显,带状、翼状,与木射线交叉呈网状结构略明显。木纤维壁厚,木射线在放大镜下明显。波痕放大镜下明显。木刨花或木屑酒精泡浸出液呈红褐色。新切面或水浸湿木材具酸香味。

木材微观特征:散孔材。木材气干密度为0.90g/cm³左右,具光泽,强度高,硬度大,耐腐蚀性强,抗虫性强,结构细,略均匀,纹理直或交错。

缅甸腊戌奥氏黄檀木纹图　　　　　　　　　老挝沙湾拿吉巴里黄檀木纹图

2.7 巴里黄檀和奥氏黄檀材质对比分析

芯材颜色： 二者有差异，仔细观察，巴里黄檀的颜色较奥氏黄檀的深，少数接近红酸枝木，奥氏黄檀有点儿泛黄白。

纹理： 二者纹理均有交错，但巴里黄檀的花纹细而密，黑色条纹也比较多而深，而奥氏黄檀的花纹较少，有鱼鳞状花纹。

生长轮明显度： 巴里黄檀的生长轮不明显或略明显，而奥氏黄檀的生长轮比较明显，肉眼下可见。

重量： 从其气干密度上看，二者的气干密度差不多，但一般情况下巴里黄檀总是会比奥氏黄檀重一些。

2.8 交趾黄檀与微凹黄檀

交趾黄檀在《红木》国家标准中归为红酸枝木类。市场上为区别于红酸枝木类的其他树种，通常称为"大红酸枝"和"老红木"。红木家具行业内认为此木材是清中期以来红木家具的主要用材之

南美酸枝（非红木）宝座靠背

一。目前红木家具使用的产于东南亚地区的红酸枝木主要为交趾黄檀、巴里黄檀和奥氏黄檀，其中交趾黄檀最好、最受欢迎。

微凹黄檀在《红木》国家标准中归为红酸枝木类，是二级濒危保护树种。因其主要产于离中国较远的中美洲，因此近几年才开始进入中国市场。我国历史上无使用此种木材的记载，人们对这种木材的认知度较低，价格比交趾黄檀便宜得多。

交趾黄檀木材特征： 树木及分布：落叶大乔木，高度一般在20~30米，主干直径可达60~70厘米，有时有几个主干和分枝。树皮光滑而坚硬，浅黄至灰褐色。叶的形态为不均等的羽状复叶，叶序互生或半对生。花白色。果实为长扁平的条状闭果，属于豆荚果类型。产自越南、老挝及柬埔寨。木材宏观特征，木材芯边材区别明显，芯材新切面紫红褐或暗红褐，有黑褐色或栗褐色条纹，边材黄白色。生长轮不明显。管孔在肉眼下可见，散孔材。

材性： 木材气干密度为1.01g/cm³~1.09g/cm³，具光泽，强度高、硬度大，耐腐蚀性强，抗虫性强，纹理通常直，结构细而均匀。顺纹抗压强度为107.87MPa，顺纹抗弯强度为259.9MPa。

微凹黄檀木材特征： 树木及分布：中乔木，高可达15~25米，直径0.5~0.7米，干形较差，分布在中美洲地区，通常生长在干旱的丘陵地区。木材宏观特征：芯边材区别明显，边材浅黄白色，芯材橘红色，久露大气中转为紫红褐色，常带褐色条纹。生长轮明显，管孔放大镜下明显，散孔材。材性：木材气干密度为0.98g/cm³~1.02g/cm³，具光泽，强度高，硬度大，耐腐蚀性强，抗虫性强。结构细而均。纹理直至略交错。顺纹抗压强度为81MPa，顺纹抗弯强度为158MPa。

2.9 交趾黄檀与微凹黄檀对比分析

干形	交趾黄檀比较通直，而微凹黄檀有一大特点就是髓芯木部位常有空洞现象，而且空洞中往往有树根生长进去。
芯材新切面颜色	交趾黄檀是暗红或紫褐红色，微凹黄檀是橘红色，特别要注意的是要看新切面，因为微凹黄檀材色久则变深，变深后的颜色与交趾黄檀的颜色非常接近，此时在颜色上非常难辨别，这也是微凹黄檀能冒充交趾黄檀的一个原因所在。
材质	二者的材质均比较光滑，稳定性也比较好，但微凹黄檀的油质感比交趾黄檀的强。
生长轮明显度	横切面上看微凹黄檀的生长轮相对比较明显。
波痕	弦切面上交趾黄檀的波痕比微凹黄檀的波痕明显度高。
气味	二者均有酸香气味，但交趾黄檀为酸香气味，而微凹黄檀为辛辣味。
纹理	由于微凹黄檀管孔中含黑色树胶，故在径切面及弦切面上可看见大量的黑细线及黑点，交趾黄檀中也有，但相对较宽及较少。

老挝沙湾拿吉交趾黄檀枋材及木纹图

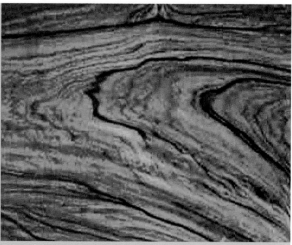

微凹黄檀枋材及木纹图

2.10 "非洲酸枝"和"南美酸枝"不属于红木

目前沿海一带生产的红木家具中，有不少所谓"非洲酸枝"和"南美酸枝"制作的假酸枝家具。这两种所谓的酸枝，其实都是非洲来的一种硬杂木。在《国标》红木八种黑酸枝木和七种红酸枝木中，非洲产的就有两种黑酸枝木，即卢氏黑黄檀和东非黑黄檀。这两种黑酸枝木非常接近紫檀木。2000年前，即《红木》国家标准未颁布前，一度被市场错认为紫檀木有两种，一种产自印度迈索尔邦，另一种就是产自非洲的卢氏黑黄檀和东非黑黄檀。直到现在市场上有些仍然还把卢氏黑黄檀和东非黑黄檀冠冕堂皇地叫卖为大叶紫檀。这两种黑酸枝木材质价格都比大红酸枝木还好还贵，显然现在市场上所谓的"非洲酸枝"同它根本沾不上边，不属于一类木材。在《国标》红木七种红酸枝木和八种黑酸枝木中，中南美洲产的红酸枝木有四种，即微凹黄檀、赛川黄檀、绒毛黄檀和中美洲黄檀。黑酸枝木有三种，即巴西黑黄檀、亚马孙黑黄檀和伯利兹黑黄檀。虽然中南美洲产的红酸枝木、黑酸枝木没有东南亚的木材好，价格也相差甚远，但只要真是以上七种中南美洲产的红酸枝木或黑酸枝木无疑都属于《国标》红木。但是，现在市场上所谓的"南美酸枝"，其实都不是以上七种木材，不属于红木。

现在市场上所谓的"非洲酸枝"和"南美酸枝"，其学名为伯克苏木，同来自非洲，属于同一种硬杂木，原材价格每立方米6500元左右。所谓"非洲酸枝"和"南美酸枝"这种硬杂木的纹路和重量同红酸枝木极像，普通红木经销商和一般消费者很难辨别。这种硬杂木易变形易开裂，奇怪的是不易上胶，结构处无法粘住粘紧，非常容易散架，可算得上是一种很糟糕的树种。这种硬杂木为黑心红木厂商和经销商提供了绝佳的做假红酸枝木家具的原材料，坑害了不少红木家具爱好者和消费者。所谓"非洲酸枝"和"南美酸枝"这种假酸枝木家具，市场上的售价不比红酸枝木少多少，红木家具爱好者和消费者购买时要特别谨慎小心。

现代红酸枝木圆床

第 3 节 红木知识

3.1 红木、非红木和亚红木树种优劣、价格高低排列

明清家具用材、树种和价格由高到低依次排列为：

香枝木
↓
紫檀木
↓
红酸枝木
↓
乌木
↓
花梨木
↓
鸡翅木
↓
柚木
↓
铁力木
↓
榉木
↓
楠木

伯利兹黑黄檀书柜

现代仿古红木家具用材、树种和价格由高到低依次排列为：

海南香枝木
↓
越南北部香枝木
↓
越南南部香枝木
↓
野生紫檀木
↓
人工种植紫檀木
↓
黑酸枝木
↓
红酸枝木
↓
条纹乌木
↓
乌木
↓
白酸枝木
↓
花梨木
↓
鸡翅木

刀状黑黄檀花架

现代非红木和亚红木家具用材、树种和价格由高到低依次排列为：

维腊木（俗称"绿檀香"）

↓

红铁木豆（俗称"小叶红檀"）

↓

铁线子（俗称"大叶红檀"）

↓

阿诺古夷苏木（俗称"黑紫檀"）

↓

褐榄仁、爱里古夷苏木（俗称"黑紫檀"）

↓

古夷苏木（俗称"巴花"）

↓

伯克苏木
（俗称"南美酸枝""非洲酸枝""红贵宝""巴里桑"）

↓

螺穗木（俗称"非洲檀香木"）

↓

非洲紫檀（俗称"非洲红花梨"）

↓

安哥拉紫檀（俗称"高棉花梨"）

↓

红皮铁树（俗称"非黄"或"猪屎木"）

仿古大红酸枝花架

仿古卢氏黑黄檀花架

仿古大红酸枝花架

仿古卢氏黑黄檀花架

仿古黑酸枝木方凳

仿古黑酸枝木绣墩

仿古黑酸枝木海棠凳

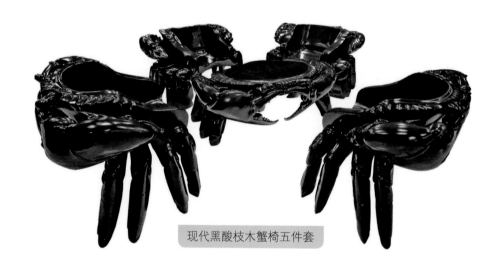

现代黑酸枝木蟹椅五件套

现代黑酸枝木福寿纹沙发十件套

现代黑酸枝木云龙沙发八件套

3.2 树种和材质决定红木家具的价格

红木家具价值和价格取决于三优，即优美的外形、优秀的工艺、优良的材质。细分为七个方面：一是树种，二是材质，三是款式，四是年代，五是存世和生产量，六是加工工艺，七是油漆。业内共同认为如果用百分比来划分，树种和材质为55%，款式为15%，年代为10%，生产量为5%，加工工艺为10%，油漆为5%。可见树种及材质直接决定着红木家具的价值和价格。

2004年11月22日，北京翰海拍卖的一对清黄花梨雕云龙四件柜，成交价1100万元。2004年11月29日，北京翰海拍卖的一对明代柏木四门柜，成交价2.8万元。以上两件家具虽然工艺、造型和雕刻有所差异，但最主要是树种不同，从它们各自的拍卖成交价格中，可以清楚地比较出价格差别之大，这就充分说明了树种在家具价格中的决定性位置。

古典家具按用材可分为黑、黄、红、白四类。黑：紫檀木、乌木、条纹乌木、鸡翅木、黑酸枝木。黄：香枝木。红：红酸枝木、白酸枝木、花梨木。白即除以上三类以外的其他各种木材。白木类常用做家具的有柚木、榉木、楠木、榆木、核桃木、楸木、柏木等。

决定红木家具价值价格的是树种，但木质也不可忽视。同一种树的木质有较大差异，地理、气候、环境、土壤、水分、阳光、海拔对材质的影响都很大。非洲花梨木远不如印度花梨木；印度花梨木又不如缅甸花梨木；缅甸花梨木又不如柬埔寨、越南和老挝花梨木。非洲亚花梨木的价格为

现代黑酸枝木琴式沙发八件套

现代红酸枝木沙发盛世御品六件套

现代红酸枝木如意沙发

现代红酸枝木客厅沙发

4000元左右一吨，缅甸花梨木则高达20000多元一吨，相差五倍多。而且非洲花梨木绝大多数只属于亚花梨，算不上国标红木。同一产地的木质，有时也有差别。因海拔、水分、阳光的不同，同一座山的木质也有差别。长在河边、箐边或山头阳光充足地带的树的材质都有区别。说到最小，一棵树根部材与树尖材也有差别。根部的密度更大，更细腻，色更深，材质更好，尖部材要次得多。因此，收藏红木家具，首先要鉴别树种，其次还要看准木质，最后才看造型、加工工艺和价格。

据考证，梳妆台在古典家具中大量出现是在清代后期。梳妆台有两种：一种是中间有抽屉、下为柜的桌子上面加了一个带镜子的后围屏，又名"大镜台"；另外一种是低镜台，放在桌案上使用，也叫"小镜台"。梳妆台的用途是妇人化妆、梳理使用的家具。受西方风气影响，民国时期玻璃大量涌入民间，梳妆台不仅大量出现，而且制作、雕刻都较为精美。梳妆台是古老生活方式所需要的家具，随着人们生活方式的改变和卫生间装饰的成套化使用，现代女性梳理都时兴在卫生间进行，现在使用梳妆台的家庭已很少。

仿古红酸枝木宝座沙发

仿古红酸枝木宝座沙发

现代黑酸枝木长方桌七件套

仿古红酸枝木罗汉床三件套

仿古卢氏黑黄檀大型拔步床

3.3 红木按木质可分为四类

第一类：香枝木、紫檀木。

第二类：黑酸枝木、红酸枝木、条纹乌木、乌木。

第三类：白酸枝木（俗称）、花梨木（东南亚产）。

第四类：鸡翅木。

仿古黑酸枝木圆桌七件套

仿古黑酸枝木圆桌五件套

仿古黑酸枝木洋花纹长画桌

现代黑酸枝木长方桌七件套

3.4 红木市场习惯将酸枝木分为黑、红、白三类

过去长江三角洲习惯叫的红木家具，是狭义的红木概念，专指学名为交趾黄檀的大红酸枝木和学名为巴里黄檀的老挝红酸枝木。国标红木中酸枝木有两类：即黑酸枝木和红酸枝木。在红酸枝木中，红木业内常常又把产于缅甸的学名为奥氏黄檀的红酸枝木称为白酸枝木。在白酸枝木中，又按其颜色和纹路，将花纹多的称为花酸枝；将偏黄色的称为黄酸枝。业内有些也把

现代黑酸枝木圆桌十一件套

国标红酸枝木分为老红木、新红木两类。老红木即大红酸枝木和老挝红酸枝木；新红木即白酸枝木。大红酸枝木十分容易同紫檀木相混，不通过木材检测机构切片检验，很难做出准确定论。大红酸枝木和老挝红酸枝木主要产于越南、老挝、柬埔寨一带。大红酸枝木，多为红褐或黑褐色，有宽窄不一的黑筋纹路，气干密度高达$1g/cm^3$以上，有的比大叶紫檀木还要重。新红木主要产于缅甸、老挝一带，颜色多为浅白红色、黄红色，有些黑筋纹路较多。新红木原材价格比大红酸枝木和老挝红酸枝木便宜得多。

3.5 非红木和亚红木家具的区别

非红木家具和亚红木家具含义：一是不属于红木家具，而是杂木（白木）家具。二是达不到国标红木标准的亚红木家具。非红木家具、亚红木家具又分为全假、半假、包皮、冒充、混杂五类。全假，就是完全用杂木制作，人为用漆色伪装做成红木的家具。有些信誉不好的红木加工厂作假方法是：买几根真红木摆在醒目的大门口吸引顾客眼球，招揽生意，客户订家具时指着真料订货，加工时用假料，骗取不义之财。半假分为两种：一是用亚红木当成真红木出售。如非洲花梨木、非洲鸡翅木有些本质上达不到国标红木气干密度标准，最多只能归为亚红木。非洲花梨木价格只是缅甸花梨木的六分之一到八分之一，但也冒充缅甸花梨木出售来骗

现代黑酸枝木长方桌七件套

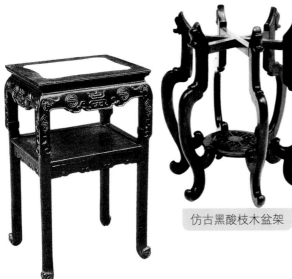

仿古黑酸枝木花几

仿古黑酸枝木盆架

仿古黑酸枝木梳妆台

现代黑酸枝木圆桌七件套

消费者。二是在一件家具上，通体不用一种木材，面子和肉眼能见的部位用真料，不易见的部位、背板、抽屉等处用杂木或亚红木。包皮，这类家具在面板、搭脑、扶手等醒目处用厚红木切片粘贴，里面用杂木或亚红木顶替制成红木家具出售来骗消费者。也有的采用二合一、三合一的方式包皮，这类家具隐蔽性强，一般不是专业人士很难识别出来。红木家具中还有冒充和混杂的问题。冒充，主要方法是：明明是东非黑黄檀或卢氏黑黄檀家具，高价叫卖为大叶紫檀木家具；明明是褐榄仁家具，推销为黑紫檀家具；明明是非洲红皮铁树，叫卖成非洲黄花梨家具等。混杂，这类家具比较多，红木家具最讲究树种、木质的通体一致性，如果混杂使用，这类家具就贬值了。例如，香枝木家具中掺进一部分老挝红酸枝木、花梨木；紫檀木中掺进黑酸枝木；缅甸花梨木中混杂非洲花梨木等。

3.6　红木家具中的问题

一、福建红木家具常见的问题

1.有些紫檀木家具中掺了很多黑酸枝木。所谓大叶紫檀家具其实大多数是用非洲的卢氏黑黄檀和东非黑黄檀制作。2.标注的海南香枝木家具，有些是化学药剂处理过或上过色的越南香枝木，而且有些有奥氏黄檀（缅甸白酸枝木）掺在其中。3.有些红酸枝木家具中掺了很多非洲假酸枝，即便是真红酸枝木家具中白边料也多得惊人，拼接相当多。4.鸡翅木家具大多都是达不到《红木》国家标准（即木材含水率在12%时，气干密度达不到0.8g/cm³以上）的亚鸡翅木制作。

二、越南生产的红木家具中常出现的问题

1.有些香枝木大型家具中掺有白酸枝木，有些是"金包银"的制作方法。2.有些红酸枝木大型家具中也掺有杂木，有些也是"金包银"的制作方法。3.花梨木家具中有些是用"嘎得央"和"干些"制造。

3.7 长江三角洲地区俗称的红木家具

古典家具中使用的大量硬木，实际上就是现在市场上大量出售的，收入《红木》国家标准的香枝木、紫檀木、黑酸枝木、红酸枝木、条纹乌木、乌木、花梨木和鸡翅木这八类红木，也就是广义

现代红酸枝木休闲茶桌

现代红酸枝木休闲茶桌

现代红酸枝木休闲茶桌

现代黑酸枝木嵌黄杨木百子图挂屏风

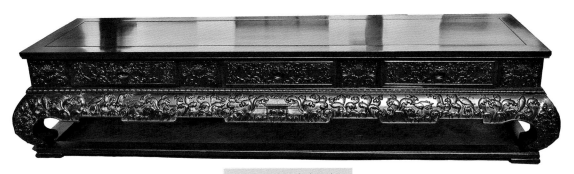

现代黑酸枝木电视柜

黑酸枝木书柜

缅甸白酸枝木书房套

上的红木。用这八类红木制作的家具也就是广义上的红木家具。过去长江三角洲地区俗称的红木家具，其实是狭义的红木家具，主要包括黑酸枝木、红酸枝木、白酸枝木制作的家具。在三种酸枝木中，业内又有"老红木"和"新红木"之分，即：黑酸枝木和红酸枝木归为"老红木"，制作的家具叫作"老红木家具"；白酸枝木归为"新红木"，制作的家具叫作"新红木家具"。

广义的红木家具并非是带红色的家具或一两种木材制作的家具，而是《红木》国家标准确定

仿古红酸枝木博古架

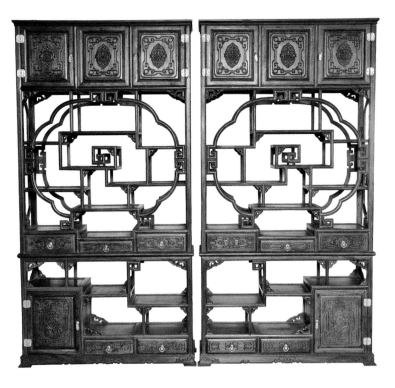

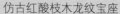

仿古红酸枝木龙纹宝座　　　　　　　　　仿古红酸枝木盛世荷花宝座

的三十三种红木与高级制作工艺结合的代名词。从材质上讲，红木家具采用的木材，都是死细胞树芯材，也叫髓芯木。红木树种一般要长30年才起心，髓芯木长到30厘米要100年以上，所以非常珍贵。明清家具为了节省红木木材，规格、款式、用材都由皇帝亲自审批，可见红木在历史上就极其珍贵了。

　　总之，红木家具是古典艺术、古典文化和高级木工制作工艺与高档珍稀名贵红木的结合体。自古以来它的归属就是上层名流社会、达官贵人、社会顶层人物之家；现代也同样是财富、地位、身份、文化、品位的象征。红木家具在现代也被归为奢侈品，具有较高的使用价值、装饰价值、收藏价值、享受价值。如果用非洲亚红木、非红木制作的家具就没有什么意义了，这些材质制作的家具价格只是同普通白木家具的价格差不多，现在已广泛进入到了千家万户，是家家户户都买得起的普通家具，不能称为红木家具。

3.8　精巧的明式家具

仿古红酸枝木玫瑰纹圆桌九件套（局部）

　　明代家具主要是在宋元家具的基础上发展成熟的，形成了最有代表性的家具。明式家具主要采

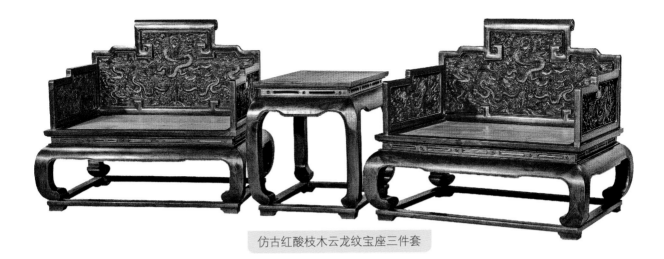

仿古红酸枝木云龙纹宝座三件套

用香枝木、紫檀木、鸡翅木、花梨木或铁力木等硬木制作，也采用楠木、樟木、胡桃木、榆木及其他杂木制作，其中以香枝木效果最好。硬木色泽鲜艳、柔和，纹理清晰，木质坚硬而富有弹性。明式家具制作工艺精细合理，全部以精密巧妙的榫卯结合部件，大面平板则以攒边方法嵌入边框槽内，坚实牢固。高低宽窄的比例以实用美观为出发点，有助于纠正不合礼仪的身姿坐态。装饰以素面为主，局部饰以小面积漆雕或透雕，精美而不繁缛。通体轮廓及装饰部件的轮廓讲求方中有圆，圆中有方。明式家具线条雄劲而流畅，家具整体的长宽高、整体与局部、局部与局部的比例都非常得当。

仿古红酸枝木交椅

3.9 富丽华贵的清式家具

清代家具趋向笨重，追求富丽、华贵、烦琐的雕饰。根据学者研究，清代家具重在制榫，不求表面装饰。京做家具重蜡工；广做家具重雕工，讲求雕刻装饰。清式家具装饰方法有木雕和镶嵌，装饰图案多为象征吉祥如意、多子多福、延年益寿、官运亨通之类的花卉、人物或鸟兽纹饰等。特别是腿的造型变化最多，除方直腿、圆柱腿或方圆腿外，又有三弯如意腿、竹节腿等。

3.10 怎么"淘"红木家具

红木家具有广义和狭义之分，这里指的是狭义的红木家具。明清时期长江三角洲习惯称红酸枝木制作的家具为红木家具。所以，现在家具行业也习惯称黑酸枝、红酸枝木为红木家具或老红木家具。

首先要鉴定老新红木区别。家具行业称为老红木的是

仿古红酸枝木灵芝太师椅

仿古红酸枝木云龙纹宝座三件套

仿古红酸枝木夔龙纹玫瑰椅

仿古红酸枝木九龙纹靠背椅

仿古红酸枝木螭纹扶手椅

仿古红酸枝木夔凤纹扶手椅

生长在越南、柬埔寨、老挝一带的巴里黄檀、交趾黄檀，也叫紫酸枝或老红酸枝。新红木则是指缅甸、老挝产的奥氏黄檀，也称白酸枝、黄酸枝或花酸枝。在国家《红木》标准里，白酸枝木包含在红酸枝木中，白酸枝木量大，木质也很好，只是颜色同老红木确实有区别。红酸枝木褐深红或透褐红，木质坚硬、细密，气干密度达1g/cm³以上，同紫檀木十分近似。很多人认为黑酸枝木、褐黑红酸枝木为造假者提供了假紫檀木的绝好冒充原材。浅色新红木同花梨木十分近似，色黄而红，有褐色和黑色纹路。新红木与花梨木的区别在于：新红木密度更大，有褐色和黑色纹路；花梨木有交织纹路，但没有褐色和黑色纹路，木质更轻，色更浅。

仿古红酸枝木圆凳

其次看款式。红木家具中有明式、清式和中西式。明清时期红木家具是全国各地选拔出来的优秀工匠和宫廷文人、艺术家共同研制的红木家具。这一时期工匠们发挥了自己的聪明智慧，制造出许许多多艺术水平极高、规格款式多样的红木家具。可以说，明清红木家具是把中国红木家具推到了空前绝后登峰造极的程度。直至今日，红木家具还没有完全从明清的造型、结构、款式、装饰、雕刻中完全脱胎换骨出来，无论如何发展，都有明清红木家具的影子，并没有质的飞跃。

三是看生产工艺。主要看榫卯结构水平、拼缝水平、雕工水平等。当然还要看木质好坏，如面板是一块板还是几块板。台面最好为一块板，两块板次之，如果是四五块板拼成就属于低级红木家具了。

3.11 苏式家具、京式家具和广式家具

苏式家具是指以苏州为中心的长江下游地区所生产的家具。苏式家具形成较早，明式家具即以苏式家具为主。苏式家具有造型优美、线条流畅、用料及结构合理、比例尺寸合体等特点，特别是以朴素、大方的格调博得世人的赞赏。进入清代以后，随着社会风气的转变，苏式家具也开始向繁琐和华而不实方面转变。苏式家具在用料方面和广式家具风格截然不同。苏式家具以俊秀著称，用料较广式家具要小得多。

京式家具一般以清宫造办处所制家具为主。由于广州工匠技术高超，京式家具中有很多都是造办处广木作处制造，广木作处全都是广州工匠，所以京式家具有相当数量的广式风格家具，它与纯粹广式家具不同的是用料少。造办处还有一个普通木作处，多由江南工匠负责制作，其做出的家具具有苏式风格。

仿古红酸枝木玫瑰纹靠背椅

广式家具一是用料粗大实在；二是装饰花纹雕刻较深，刀法圆润；三是磨工精细，不加漆饰，使木质完全裸露。广式家具装饰和纹饰受西方影响，出现了"西番莲"纹，一般情况下，苏式的缠枝莲纹饰与广式的西番莲纹饰已成为区别苏式与广式家具的明显特征。

3.12 现代别样的红木家具

红木家具有古典、仿古和现代三类。古典主要指明清红木家具。仿古主要为近代仿制的明清红木家具。现代主要是用红木制造的现代流行款式的红木家具。

现代红木家具有三大类，即工艺家具、实用家具、软体家具。现代红木家具，从木工、雕工来论，崇尚线条美，少雕花或不雕花，以线条装饰为主。如书柜、书桌、沙发、套房既继承了明式家具的结构方法，又吸取了广式、苏式、京式和欧式家具的风格，而且去粗取精，去丑取美，把古典红木家具与现代生活紧密结合起来，弘扬了民族文化，又把红木家具推向了新阶段。

现代红木家具是美学、力学和实用的三大结合体。现代红木家具归纳起来，有四个结合：一是木材与玻璃结合，即用木头做主干或支架，板面装玻璃；二是木材与皮棉结合，主要是仿欧式

红酸枝木宝座四件套

现代红酸枝木如意沙发十件套

现代红酸枝木沙发十件套

红酸枝木大战国沙发八件套

仿古交趾黄檀(俗称大红酸枝)宝鼎沙发十七件套

红酸枝木飞天沙发十三件套

红酸枝勾椅沙发

的沙发，用红木做支架和靠背边框，坐板、背心用真皮或棉料制作；三是木材与石材结合，古代也有红木家具嵌大理石板，但现在的镶石红木家具是现代款式，而且采用多样石材来做；四是木材与铁艺结合。总之，现代的红木家具突出舒适性，人具结合，既美观又实用，越来越受到广大用户的欢迎。

3.13 古典家具主要用材比较

	明代家具	清代家具	民国家具
红木类	香枝木 紫檀木 鸡翅木	紫檀木 花梨木 红酸枝木 乌木	红酸枝木 黑酸枝木 花梨木
白木类	铁力木 榉木	榉木 楠木	柚木

红酸枝欧式沙发

红酸枝木仿明式贵妃床

仿古红酸枝木明式围子榻

仿古红酸枝木丝翎檀雕罗汉床

3.14 正确看待越南红木家具

越南人制作中国式的仿古家具，已有一百多年历史。这一方面是受我国传统家具文化影响，另一方面，越南本身就是许多优质硬木的原产地，有着"近水楼台"的优势。业内有些人喜欢拿越南红木家具说事，喜欢用越南红木家具来类比。不可否认，过去有些越南红木家具的确有神韵不好、工艺相对粗糙、白皮多、面板薄、面板边槽浅、使用假榫等诸多问题。但这些毛病并不是越南红木家具所固有和不变的特性，其实是整个红木家具行业的通病。也就是说在中国产的一些红木家具的身上也不同程度地存在着这些问题。总之，既不能将越南红木家具一棍子打死，更不能盲目地抬高中国的红木家具。

越南红木家具是在越南国内生产出的成套成品或半成品红木家具。越南西贡、河内和北宁一带有着悠久的红木家具生产历史，现在北宁省同骑工业区一带的村镇，几乎都是以生产红木家具

仿古红酸枝木丝翎檀雕罗汉床

红酸枝木欧式豪华床三件套

红酸枝木欧式床

红酸枝木中式三面床

红酸枝木中式豪华两面床三件套

红酸枝木中式三面床

和工艺品为主，很多家庭的小孩子放学回家，摆放好书包，拿起雕刻或木工工具，就开始帮助大人干活。红木家具生产已进入千家万户。而随着市场竞争越来越激烈，工艺水平的要求也在不断提高。近几年浙江东阳、福建仙游、广东中山的不少老板带着中国师傅到越南经营和生产红木家具，大大提高了越南红木家具的质量，促进了红木家具的发展。中国家具商到越南加工红木家具，一般都是在当地加工成半成品，运回中国再二次加工。随着红木价格的不断攀升，越南的加工水平正在不断提高，越南红木家具已今非昔比，不应该固执地用老眼光看待"越南货"。特别是香枝木家具的制作，一般都是由越南大师级工匠制作，其工艺水平和造型、神韵都无可挑剔。

红酸枝木欧式卧室梳妆台和多用途柜

在市场竞争中，任何行业生存的基础、前提都离不开进步和发展。越南红木家具行业也不例外。为了生存，市场逼迫它必须进步和发展，否则就会灭亡。稍有头脑的人都不会用十年前的老眼光来看待发展中的越南红木家具。现在中国从南到北、从东到西，到处都有越南红木家具。过去人们认为越南货存在没有神韵、粗糙、白皮多、面板薄、榫槽浅、用假榫等问题，现在大多数越南红木家具在市场的推动下已基本消灭了过去的顽疾，而且越南红木家具有以下几个方面优于国内红木家具：一是货真。越南红木家具主要有两个口岸出口，南部从西贡港出口，北部从广西口岸出口。出口的红木家具基本上是半成品家具，销售对象主要是中国的红木家具厂家和经销商。每件、每套家具都是实实在在的真红木，并且没有虫眼料、白皮料。其流程中首先必须经过中国厂家在口岸验货，然后运回国内再二次加工。由于半成品易鉴别木材真假，一般也没有人作假。所以说没有假木头，质量也很好。而中国南方生产的红木家具不少都是亚红木、非红木家具。主要用料为非洲亚花梨、非洲红皮铁树（俗称"非洲黄花梨"）、黄鸡翅木等，往往木头上有较多的白皮和很多虫眼，但厂商依旧全部使用，这样的家具质量极其糟糕。这些木头本身就跟杂木一样便宜，厂家还大量添加使用虫眼很多的白皮料、腐烂料，因此，这些所谓的红木家具其实还不如好的杂木家具。这些亚红木、非红木家具，用不了多少年就会出现问题，同越南红木家具比起来，质量、价值相差甚远，完全不是一个概念。国内有些厂家生产的红木家具有全假，即全部是假红木；有半假，即一半真木头，一半假木头；有些还做包皮家具、做旧家具。所以说现在好的越

红酸枝木现代圆桌

南红木家具远远胜过中国生产的亚红木、非红木家具和材质较差的红木家具。二是价廉。如现在市场上的所谓"黑紫檀"实际是褐榄仁制作的家具。例如,锦绣中华10件套沙发,在中西部地区算比较好的家具了,价格卖到45000元左右一套。而越南只把这种木头叫作锦楠木,价格在5000元左右一套。三是用材好。中国做的香枝木三件套皇宫椅,靠背、扶手大多为机械拼接后再加工而成,坐板一般为3~5拼,多的达到8~10拼,卖价190000~300000元一套;而越南同类皇宫椅,全部整块板,卖价只是100000~150000元一套。越南红木家具的木质和价格都优于中国的红木家具。四是用料足。中国制造的有些红木家具,表面看精巧、光滑、平整、线条直,但用材特别少、小,椅子尺

卢氏黑黄檀如意圆桌九件套

仿古红酸枝木九龙纹圆桌

仿古红酸枝木灵芝纹方桌

仿古红酸枝木长方桌七件套

现代红酸枝木棋茶两用桌

寸也小，里外用材不一，往往通体不是一种料。而越南红木家具用材大，椅子结实，通体都是一种材料。

越南红木家具是手工制作。因为红木价格较高，来之不易，红木材料大多又大小弯曲不一，有的不仅要反复观察、丈量、精打细算如何合理使用，还要在少数局部部位先把木料用胶补好，才开始制作。越南的红木家具厂都是家庭作坊式，生产规模小。小规模家庭作坊式生产，一般一批就做一两套，由于是手工制作，手法、工艺、款式、雕刻皆不同，厂与厂的产品也有较大区别，根本无法达到一模一样的效果。当消费者买到一套这类满意的红木家具时，你就可以相信全世界这样的家具最多就有三到五套，具有稀有性。而中国南方的所有红木家具厂都是靠规模生产，靠数量赚钱和生存。这些工厂大多是购买非洲相当便宜的亚红木或非红木原料来制作家具。

红酸枝木如意方桌

红酸枝木现代豪华方桌

非洲的木材直径一般都在100～150厘米左右，而且工厂往往将白皮料、虫眼料、腐烂料统统一起使用，喷上深色聚酯漆遮盖木材缺陷，真可谓是跟红木家具没有可比性的杂木一样价值的家具。由于是大规模生产，大的工厂一下单就是几百套，而且往往几家工厂生产的家具规格、款式一模一样。当消费者买到一套这样的家具，你就可以想象到全世界这样的家具一定有成百上千套，根本没有稀有性。就其本身固有的树种、材质皆差的本

红酸枝木现代豪华圆桌

性，只能归为杂木性质的家具，没有丝毫的收藏价值。

便宜不是红木，红木就不会便宜。红木家具是奢侈品，现在的亚红木和非红木家具无论有没有经济实力的人家都买得起，这种家具已无法称之为奢侈品，只能归为普通实木家具和大众家具。

红酸枝木现代豪华圆桌

3.15 明清家具纹饰比较

　　明清家具的装饰纹样较为丰富，但明式和清式的装饰风格却截然不同。明式家具不追求繁缛的雕饰，主要突出其造型美和线条美。有的家具尽管也有大面积雕花，但和清式相比仍显文静、含蓄。而清代家具则重点突出其装饰效果，在漆器家具上体现得更加明显。清代早期家具给人以高贵华美、富丽堂皇的感觉。清代晚期的家具装饰多以各种物品名称的谐音拼凑成吉祥语。如蝙蝠、寿山石加上如意，意喻"福寿如意"；佛手、寿桃及石榴合起来叫作"多福、多寿、多子"；满架葡萄或葫芦为"子孙万代"等等。很多带有臃肿、粗俗、呆板纹饰的清代晚期家具大多出自咸丰、同治年以后。

现代红酸枝木圆桌九件套

红酸枝木欧式玫瑰纹圆桌九件套

仿古红酸枝木圆桌七件套

现代红酸枝木六角桌五件套

现代红酸枝木茶桌七件套

3.16 常用的木雕技艺

　　木雕常用雕刻技艺有八种。第一，平雕。平雕是在平面上通过线刻或阴刻的方法表现图案的雕刻手法，雕花及整个平面保持平衡，常见的有线雕、阴刻。第二，浮雕，也称落地雕和凸浮雕。是将图案以外的空余部分剔凿掉，从而使图案凸显出来的雕刻方法。第三，透雕。此种雕法使雕花有玲珑剔透之感，常用于表现雕饰物件两面的整体形象。第四，贴雕。贴雕是浮雕的改革雕法，常用于裙板、绦环板的雕刻。第五，嵌雕。另外雕出并嵌在花板上的雕刻法。第六，圆雕。就是立体雕刻的手法。第七，毛雕，也称凹雕。雕刻手法为向平面以下进行凹型的雕刻。第八，综合雕。几种手法同时在一个物件上使用。

仿古红酸枝木书房四件套

仿古红酸枝木书房五件套

3.17 判断木雕的收藏价值

　　木雕作品的价值要从几方面来判断：首先，作品本身在时空点上与历史事件是否有过碰撞，如果一件木雕作品有故事，有渊源，打上了历史烙印，自然收藏价值就高。其次，木雕要依据材料本身特有的天然色泽形状或纹理方向，巧加雕琢，七分天成，三分雕刻。再次，木雕对保存环境、温度、湿度和通风的要求很高，保存很不容易。木雕价值的高低，主要看木雕品相保存的完整性。如果磨损过大，有脱落和碰掉的现象，价值就不高。最后，雕刻要归类。木雕工艺雕刻方法主要有八种，即平雕、浮雕、透雕、贴雕、嵌雕、圆雕、毛（凹）雕、综合雕。雕刻不归类就不伦不类，没有多少收藏价值。雕刻水平也要高，雕刻水平是衡量一件木雕价值高低的尺子，雕工精细价值高，反之价值就低。

3.18 现代广东红木家具

　　广东生产的红木家具主要有三类：

　　第一类：真红木家具。主要到越南买香枝木、黑酸枝木、红酸枝木、白酸枝木毛料和半成品家具，运回广东再经过二次加工而成，买红木原材在广东当地制作的红木家具较少。

　　第二类：亚红木家具。主要是黄鸡翅木（黄鸡翅木的学名是铁刀木和斯图崖豆木，这种木材有些密度达不到《红木》国家标准规定的0.8g/cm³以上的鸡翅木国家标准），其次是"非洲红花梨""非洲高棉花梨"和"非洲普通花梨"（学名分别为非洲紫檀、安哥拉紫檀、安氏紫檀、药用紫檀、罗氏紫檀、刺紫檀、变色紫檀和堇色紫檀等）。这些花梨木同样也是密度达不到0.76g/cm³以上的花梨木国家标准。

　　第三类：非红木家具，业内也叫白木或杂木家具。主要树种有：巴拉圭维腊木（俗称绿檀香）、红铁木豆（俗称小叶红檀）、铁线子（俗称大叶红檀）、褐榄仁、爱里古夷苏木（俗称黑檀、黑紫檀）、古夷苏木（俗称巴花）、伯克苏木（俗称非洲酸枝、南美酸枝、红贵宝、可乐豆、巴厘桑）、红皮铁树（俗称非黄，非洲俗称猪屎木）。目前又出现一种俗称为"非洲檀香木"的杂木家具，其学名为螺穗木。这种木材既不属于红木，也不属于檀香木。原木价格在6000元/m³~8000元/m³，而且这种木材的颜色、纹路、气味和重量与檀香木相比完全不是一回事。"非洲檀香木"这个名字，又是一个红木家具市场臆造的赚钱名。檀香木是当今最贵的木材，给这种杂木穿上一件"非洲檀香木"的值钱外衣，黑

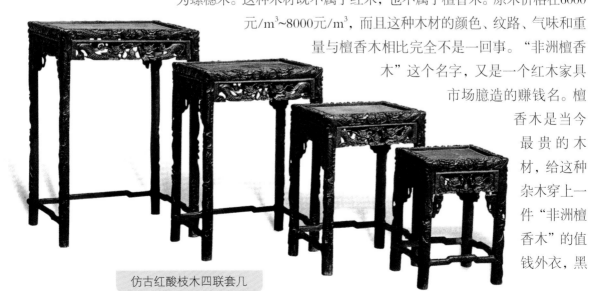

仿古红酸枝木四联套几

心商家又可以有很大空间来发挥，来骗钱。广东生产的这些非红木家具连亚红木都算不上，根本与真红木挂不上钩，对不上号。亚红木进口量最大的是非洲紫檀和斯图崖豆木，其次是安哥拉紫檀和铁刀木。无论进口量多大，只要密度达不到红木国家标准，就不能同国标红木相提并论，就不能叫红木家具。铁刀木、斯图崖豆木、非洲紫檀、安哥拉紫檀、安氏紫檀、药用紫檀、罗氏紫檀、刺紫檀、变色紫檀和堇色紫檀，直径较大，一般直径都能达到100~160厘米，生产出来的家具多为整木一块板，直观给人料好的错觉，再加上黑心商人天花乱坠的欺骗性叫卖，不少人因此上当受骗，掏了真红木的高价买了一堆西南桦一样价值的杂木家具。

3.19 "高仿" "做旧" 和 "作假" 的概念

"高仿"——不仅是仿器物的年代，也仿它的神韵，既形似神也似。要把古典家具本身具有的较高的艺术性高仿出来，仿得逼真、仿出品位来需要极高的造型艺术、雕作水平和木制水平，可以说没有对传统家具艺术的深透理解是做不出来的。"高仿"古典红木家具有较高收藏价值，它不能同"做旧"和"作假"相提并论。

"做旧"——随着古典明清家具不断升值，市场上出现了许多做旧家具。所谓"做旧"，就是带有欺骗性的以假卖真，简单仿造古典红木家具，只要做到看上去"旧"就成。做旧既用亚红木也用杂木。有些厂家高仿做不了，新的也做不好，干脆就从事"做旧"家具骗人，以达到获取

仿古红酸枝木衣帽柜　　　　　　　　　仿古红酸枝木梳妆台

暴利的目的。"做旧",一是用新杂木仿古典家具式样以做旧方式制作的家具,看起来像旧古典红木家具,冒充古典红木家具在市场上高价出售的家具。二是用硬木仿古典红木家具款式再通过特殊油渍、烟熏,凸显出老红木家具的假象,在市场上冒充古典红木家具高价出售的家具。做旧家具与高仿家具不同。做旧一般是工艺粗糙、造型呆板、木质低劣的无价值的杂木家具。高仿是仿古典家具式样、高级工匠制作、造型有神韵、用高档红木制作、有较高价值的红木家具。做旧家具与高仿家具是完全没有可比性的。而且做旧家具为了降低投入成本,减少积压卖不出去造成的损失,往往是制作用料少、不雕刻和雕刻少、件数也少的仿明式家具,如:三件小圈椅、三件皇宫椅、交椅、官帽椅等。做旧也有一些做大型架子床这类家具的,但这些家具会用一些木质硬一点儿的杂木加以雕刻,然后高价出售。往往作假者会把杂木的做旧家具说成紫檀木、香枝木、花梨木等高档红木家具来骗人,而且开价很高。总之,做旧家具是古典明清家具急剧升值、市

仿古红酸枝木灯架

场需求较大、真正懂得古典家具的人又不多的情况下形成的畸形"怪胎"。

　　"作假"——作假红木家具就是完全骗人的行径，主要是把杂木做成红木家具骗人。作假又与做旧不同。做旧是用亚红木、杂木仿造古典家具款式用做旧手法做成的仿旧古典家具。而作假家具主要是用亚红木、杂木既仿古典红木家具又仿现代红木家具而制作的假红木家具。主要通过油漆伪装，做成古典或现代红木家具，冒充红木家具在市场上销售的假红木家具。作假家具：既做假古典红木家具，也做假现代红木家具。

红酸枝木电视柜

现代红酸枝木电视柜

现代红酸枝木电视柜

现代红酸枝木电视柜

现代红酸枝木电视柜

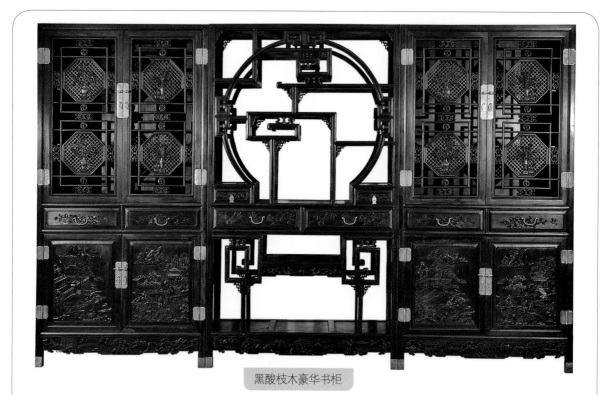

黑酸枝木豪华书柜

仿古红酸枝木架格(书柜)

黑酸枝木豪华书柜

红酸枝木书房套

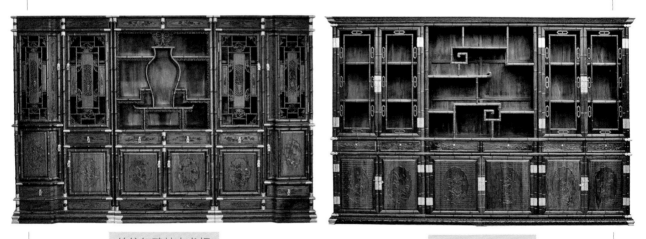

竹纹红酸枝木书柜

红酸枝木书柜

红酸枝木书柜

红酸枝木博古架

现代红酸枝木龙凤博古架

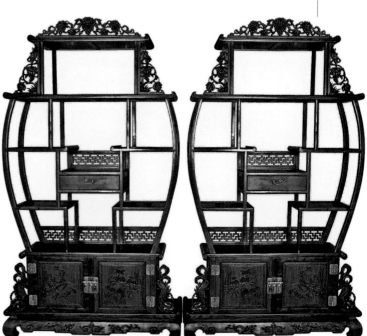

现代红酸枝木博古架

仿古红酸枝木顶箱柜　　　　　　　　　仿古红酸枝木顶箱柜

仿古红酸枝木顶箱柜

红酸枝木卧室多用柜

仿古红酸枝木花架

现代红酸枝木梳妆台

仿古红酸枝木连体花架

现代红酸枝木高足花架

现代红酸枝木衣帽架

仿古红酸枝木九龙屏风

仿古红酸枝木镶黄杨木一帆风顺座屏风

红酸枝木五斗柜

红酸枝木综合柜

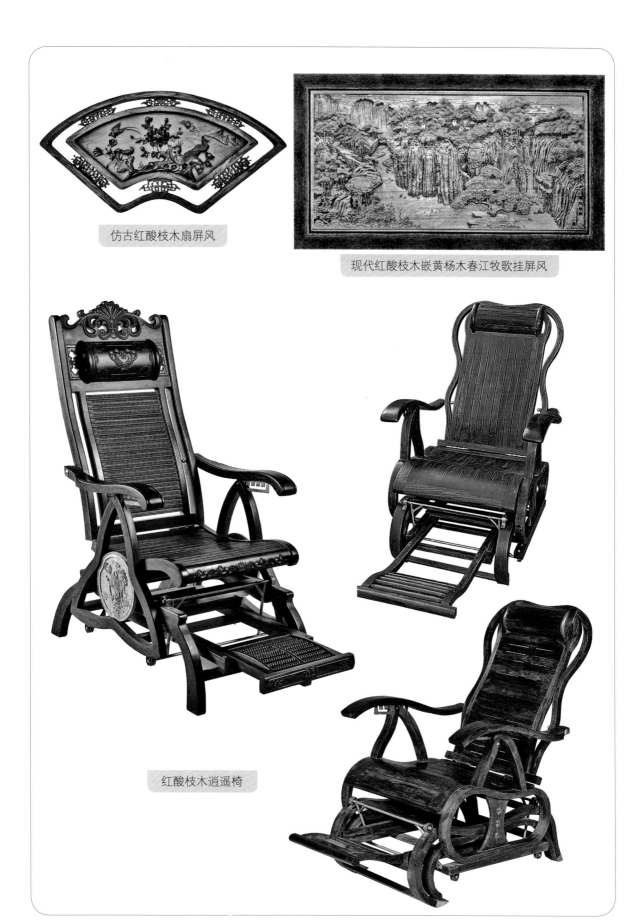

仿古红酸枝木扇屏风

现代红酸枝木嵌黄杨木春江牧歌挂屏风

红酸枝木逍遥椅

红酸枝木卧室多用柜

现代红酸枝木客厅多用柜

现代红酸枝木客厅多用柜

大红酸枝九龙电视柜

大红酸枝电视柜

仿古黑酸枝木客厅中堂

现代红酸枝木酒柜

红酸枝木佛龛

现代红酸枝木电视柜

乌木和条纹乌木

第4章

第1节 乌木概论

1.1 乌木和条纹乌木

　　乌木为柿树科（EBENACEAE Gurke）、柿树属（Diospyros）、乌木类。乌木类共有四种树收入国标红木，即乌木、厚瓣乌木、毛药乌木、蓬赛乌木。

中文学名	拉丁文学名	俗称	产地
乌木	Diospyros ebenum Koenig	黑檀或黑紫檀	斯里兰卡及印度南部
厚瓣乌木	Diospyros crasstJlora I-liern	黑檀或黑紫檀	热带西非
毛药乌木	Diospyros pilosanthera Blanco	黑檀或黑紫檀	菲律宾
蓬赛乌木	Diospyros poncej Merr.	黑檀或黑紫檀	菲律宾

缅甸八莫乌木树貌图

缅甸八莫乌木树叶和种子图

缅甸八莫乌木树干图

缅甸八莫乌木树根图

毛药乌木幼树叶图

毛药乌木树叶图

特征:

形态特征: 四种乌木均为乔木。高达25~35米, 直径0.4～0.8米。树皮灰色, 皮上有黑色粗条皮状。

厚瓣乌木枋材图

中文学名	颜色	纹路	生长轮	宏观构造	气干密度(g/cm³)	气味
乌木	乌黑或栗黑	无纹路	不明显	散孔材, 管孔用肉眼难见	0.90以上	无明显气味
厚瓣乌木	乌黑或栗黑	无纹路	不明显	散孔材, 含黑或黑褐色树胶	1.05以上	无明显气味
毛药乌木	乌黑或栗黑	无纹路	不明显	散孔材, 含黑或黑褐色树胶	0.95左右	无明显气味
蓬赛乌木	乌黑或栗黑	无纹路	不明显	散孔材, 管孔用肉眼难见	0.90以上	无明显气味

缅甸八莫乌木切面图

蓬赛乌木原材图

乌木枋材图

蓬赛乌木制作的成品战国沙发局部图

蓬赛乌木制作的成品战国沙发局部图

乌木板材图

第 2 节 条纹乌木概论

2.1 条纹乌木

　　条纹乌木为柿树科（EBENACEAE Gurke.）、柿树属（Diospyros）、条纹乌木类。条纹乌木类共有两种树收入国标红木，即苏拉威西乌木、菲律宾乌木。

中文学名	拉丁文学名	俗称	产地
苏拉威西乌木	Diospyros celehica Bakh	黑檀或黑紫檀	印尼苏拉威西岛
菲律宾乌木	Diospyros philippensis Gurk	黑檀或黑紫檀	菲律宾

幼树

树枝

印尼苏拉威西乌木树干图

印尼苏拉威西乌木树根图

形态特征：两种条纹乌木均为乔木。高达25～35米，直径0.4～0.8米。树皮黑色，有少许粗条皮状。

印尼苏拉威西乌木树叶图

中文学名	颜色	纹路	生长轮	宏观构造	气干密度(g/cm³)	气味
苏拉威西乌木	乌黑或栗黑	带白黄色及栗黄色条纹	不明显	散孔材，管孔在肉眼下难见	1.09以上	不明显
菲律宾乌木	乌黑或栗黑	带白黄色及栗黄色条纹	不明显	散孔材，管孔在放大镜下可见，含黑或黑褐色树胶	0.78～1.09	不明显

蓬赛乌木枋材图　　　　　　　　　菲律宾乌木枋材图

苏拉威西乌木枋材图

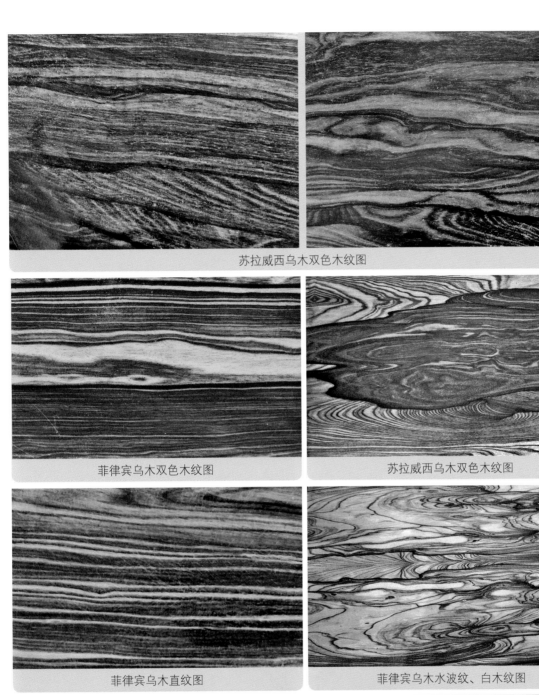

苏拉威西乌木双色木纹图

菲律宾乌木双色木纹图　　　苏拉威西乌木双色木纹图

菲律宾乌木直纹图　　　菲律宾乌木水波纹、白木纹图

苏拉威西乌木水波纹、白木纹图

苏拉威西乌木（白木纹）战国沙发半成品图

苏拉威西乌木战国沙发成品图

苏拉威西乌木战国沙发成品图

条纹乌木大战国沙发十件套

2.2 褐榄仁

　　市场上大量用褐榄仁冒充"黑紫檀"（"黑紫檀"为俗称）制作假红木家具，故在此书中作重点介绍。在假红木家具的黑色类里，褐榄仁和阿诺古夷苏木主要用来冒充条纹乌木家具。前者产于东南亚，后者来自非洲。这两种木材密度都在0.8g/cm³左右，有韧性，直纹抗压性和抗弯性好，只是易收缩易变形易开裂。因为国家制定的红木标准中没有这两种树，所以称为非红木家具或杂木家具。这两种木头中，褐榄仁最多，缅甸叫"黑木"，越南叫"枢柳"，上海叫"毛榄仁"。平心而论，这种木材制作的家具比"非洲花梨""巴西花梨""非洲黄花梨"制作的家具好得多。但它毕竟是假红木，不是真正的红木家具。褐榄仁和阿诺古夷苏木的原材价格是花梨木的四分之一左右。这种木材白边多，但白边也同样坚韧、坚硬，没有虫眼，制作出带白边的家具也不影响其使用寿命。

2.3 条纹乌木与褐榄仁的区别

　　条纹乌木与褐榄仁本来就是风马牛不相及的完全不同的两种树木，区别很大。条纹乌木是红木，褐榄仁是地地道道的杂木。现在市场上用褐榄仁来冒充条纹乌木是因为这两种木色纹路很相近。两种木头都有一定的重量，浅乌黑或褐黄色，有同条纹乌木相似的花纹，但是色、纹没有条纹乌木那样抢眼、明晰，颜色没有条纹乌木那样深黑，只是浅褐黄色。如果把褐榄仁家具再加色做成深黑色，鉴定起来就困难一点。褐榄仁木材的价格只是条纹乌木的十分之一左右，差别特别大。条纹乌木较重，褐榄仁相对较轻，掂一掂重量其实也就清楚真假了。褐榄仁收缩较大，易开裂，大多用于做地板及装潢，很少用于做家具。

褐榄仁枋材图

苏拉威西乌木战国沙发半成品图

　　褐榄仁市场俗称"黑紫檀"，也称"黑檀"。市场上这种家具主要用来冒充条纹乌木家具，进行欺骗性销售，其木为白木类，业内也称为非红木。褐榄仁木质差，木纹不清晰、不明显。条纹乌木木质较好，木纹非常清晰，非常明显。其实这两种木材很容易识别。

褐榄仁茶几半成品局部图

褐榄仁战国沙发半成品局部图

2.4 乌木和条纹乌木种类

　　乌木，在史书中的记载很多，但用于家具制作的很少，几乎没有这方面的实物与记录。一般用于制作筷子、刀柄、玉器或装饰品底座、雕刻与镶嵌和二胡及其他乐器等用料。一般乌木芯材材色全部为乌黑色，不见杂色者才真正称得上"乌木"。最著名的乌木产于非洲的加蓬、尼日利亚、坦桑尼亚及亚洲的斯里兰卡、印度南部等地。尼日利亚历来以生产乌木（芯材纯黑而无杂色）、乌木王（具暗红褐色条纹）、乌木后（具少量浅黄橙色条纹）而倍感自豪，有"乌木三宝"之美誉。乌木为柿树科，柿树种分为三属：卡柿属（Eucalea）、里斯柿属（Lissocarpa）、柿属（Diospyros）。大部分产于热带森林地区，大约有300多种。芯材全黑发亮者主要有乌木，产自缅甸、斯里兰卡及印度南部。厚瓣乌木，产自热带西非；毛药乌木，产自缅甸和菲律宾；蓬赛乌木，产自缅甸和菲律宾。乌木木材较小，只能做小型家具、乐器或工艺品。

　　而同属的条纹乌木，即李时珍称之为"有间道者"，其实"有间道"就是指条纹乌木，而不是什么"嫩木也"。目前市场上主要有苏拉威西乌木，主产于印度尼西亚苏拉威西群岛，印度尼西亚

上图为褐榄仁；
中图为苏拉威西乌木；
下图为乌木

称其为"国宝木"。芯材黑或栗黑色，带浅黄色条纹，气干密度1.09g/cm³左右。另外一种为菲律宾乌木，主产于菲律宾。芯材黑、乌黑或栗黑色，带浅黄白色条纹，气干密度0.88g/cm³~1.09g/cm³。条纹乌木，由于其径极大（大者达40~80厘米），长度可达5米以上，生产量也比较大，故一般用于制作大中型红木家具。

条纹乌木切面图

图中上为乌木树叶图，下为条纹乌木树叶图

2.5 条纹乌木的特点

在收入《国标》红木的三十三种红木中，树种最多的就是乌木和条纹乌木。条纹乌木乌黑中带有非常漂亮的褐红色和浅黄色、褐黄色纹路，故名条纹乌木。条纹乌木有细纹和宽纹两种。细直的条纹乌木木质坚韧、细腻，气干密度一般都高达1.1g/cm³以上，收缩变形小，纹路偏黄褐色，是条纹乌木中的上品。宽纹的条纹乌木木质相对差一些，气干密度只有0.88g/cm³~0.98g/cm³左右，纤维丝较粗，收缩性大，易变形，在条纹乌木中为下品。

条纹乌木木质细腻，韧性好，纹路极其美丽，是做家具的上好材料。如果工匠把纹路和雕刻巧妙地结合设计、雕刻，会产生富丽华贵的美感。这种木头颜色和纹路很特殊，容易鉴别，其他木头很难代替。现在市场上只是用褐榄仁和阿诺古夷苏木来冒充条纹乌木。

苏拉威西乌木宝鼎沙发局部图

直纹条纹乌木，这种木材密度大，较重，
收缩性小，属于上品。

宽纹条纹乌木，这种木材较轻，
收缩性大，属于下品。

第3节 乌木家具

3.1 乌木和条纹乌木家具

乌木和条纹乌木家具俗称"黑紫檀"家具，属于高档的红木家具。

乌木，非洲和东南亚都有，但最好的乌木还是缅甸产的乌木。缅甸乌木较重，基本上是全透黑，价格同巴厘黄檀制作的家具差不多。一套三件的皇宫椅大约16000元左右。

条纹乌木，同样是非洲和东南亚都有，条纹乌木有白纹路、黄纹路、红纹路三种。最好的是印度尼西亚的红纹路条纹乌木，学名苏拉威西乌木。黄纹路的条纹乌木次之，白纹路的条纹乌木木质较差。

黄纹路的条纹乌木制作的家具价格同巴厘黄檀制作的家具价格也差不多。红纹路条纹乌木制作的家具价格要高出巴厘黄檀制作的家具约30%。白纹路条纹乌木制作的家具价格要低于巴厘黄檀制作的家具约20%。条纹乌木制作的家具同香枝木制作的家具一样，纹路种类多，变化多，十分漂亮。如果好的木工师傅把木纹与家具款式高度结合起来，绝对是顶级漂亮的高档红木家具。

仿古乌木交椅

毛药乌木制作的成品罗汉床

缅甸乌木制作的八方桌

现代乌木嵌红酸枝木挂屏风(四幅)

欧式条纹乌木电视柜

欧式条纹乌木卧房衣柜

缅甸乌木制作的皇宫椅

第4节 条纹乌木家具

仿古红纹苏拉威西乌木太师椅

仿古红纹苏拉威西乌木扶手椅

欧式条纹乌木豪华床

第5章 花梨木

束埔寨花梨木树林

第1节 花梨木概论

1.1 花梨木

花梨木类共有七种树收入国标红木，即越柬紫檀、安达曼紫檀、刺猬紫檀、印度紫檀、大果紫檀、囊状紫檀、鸟足紫檀。

中文学名	拉丁文学名	俗称	产地
越柬紫檀	Pterocarpus cambodianus Pierre	草花梨、越南花梨	越南、柬埔寨、泰国、老挝
安达曼紫檀	Pteroearpus dalbergioides Benth	草花梨、印度花梨	印度、安达曼群岛
刺猬紫檀	Pterocarpus erinaceus Poir	非洲花梨	热带非洲
印度紫檀	Pterocarpus indicus Wiild	草花梨、印度花梨	主产于印度、缅甸、菲律宾、马来西亚、印度尼西亚，还有中国的广东、广西、海南及云南引种栽培。
大果紫檀	Pterocarpus macarocarpus Kurz	草花梨、缅甸花梨	缅甸、泰国、老挝
囊状紫檀	Pterocarpus marsupium Roxb	草花梨、印度花梨	印度
鸟足紫檀	Pterocarpus pedatus Pierre	草花梨	东南亚中南半岛

柬埔寨花梨木(学名: 越柬紫檀)全树貌图

缅甸腊戌花梨木(学名: 大果紫檀)全树貌图

柬埔寨花梨木(学名: 越柬紫檀)树干图

缅甸腊戌花梨木(学名: 大果紫檀)树干图

柬埔寨花梨木(学名: 越柬紫檀)树叶和鲜种子

柬埔寨花梨木(学名: 越柬紫檀)干种子

　　科属：七种树均为豆科（LEGUMINOSAE），紫檀属（Pterocarpus）。

　　形态特征：七种花梨木均为大乔木。高达30~40米，直径0.6～1米。树皮灰褐色或灰白色。

柬埔寨花梨木(学名: 越柬紫檀)树根

中文学名	颜色	纹路	生长轮	宏观构造	气干密度g/cm^3	气味
越柬紫檀	米黄红或浅黄红	纹理交错有浅褐纹路	略明显	散孔材，半环孔材倾向明显，管孔在肉眼下可见	0.83~0.98	有微香味
安达曼紫檀	米黄红或浅黄红	纹理交错有浅褐纹路	略明显	散孔材，半环孔材倾向明显，管孔在肉眼下可见	0.66~0.87	有微香味
刺猬紫檀	米黄红或浅黄红	纹理交错有浅褐纹路	明显	散孔材，半环孔材倾向明显，管孔在肉眼下可见	0.85左右	香气味微弱
印度紫檀	米黄红或浅黄红	纹理交错有浅褐纹路	明显	半环孔材或散孔材，管孔在肉眼下可见	0.53~0.85	香气味微弱
大果紫檀	米黄红或浅黄红	纹理交错有浅褐纹路	明显	散孔材，半环孔材倾向明显，管孔在肉眼下可见	0.80~0.93	香气浓郁
囊状紫檀	米黄红或浅黄红	纹理交错有浅褐纹路	颇明显	散孔材，半环孔材倾向明显，管孔在肉眼下可见	0.75~0.80	香气味微弱
鸟足紫檀	米黄红或浅黄红	纹理交错有浅褐纹路	颇明显	散孔材，半环孔材倾向明显，管孔在肉眼下颇明显	0.86~0.91	香气浓郁

1.2 花梨木种类

花梨木树种为豆科紫檀属。紫檀属中大约有70个树种，除檀香紫檀归为紫檀木外，其余60余种均为花梨木。按照《红木》国家标准，气干密度未达到0.76g/cm³不能称为花梨木，只能称为亚花梨。如：安哥拉紫檀（P.angolensis，产自非洲中部）、安氏紫檀（P.antunesii，产自热带非洲）、刺紫檀（P.echinatus，产自菲律宾）、药用紫檀（P.officinalis，产自南美洲圭亚那高原）、罗氏紫檀（P.rhorii，产自南美洲圭亚那高原）、非洲紫檀（P.soyauxii，产自非洲西部、东部）、变色紫檀（P.tunctorius var.chrysothrix，产自刚果盆

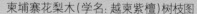

柬埔寨花梨木(学名:越柬紫檀)树枝图　　缅甸腊戌花梨木(学名:大果紫檀)树枝图

地及坦桑尼亚）、堇色紫檀（P.violacus，产自巴西）。在这些花梨木中，非洲紫檀的进口量最大，其次为安哥拉紫檀。这两种花梨木被大量冒充东南亚花梨木，市场上叫"红花梨""高棉花梨""非洲花梨""一般花梨""普通花梨"等等。不法木材商人，为了达到以假乱真、蒙骗消费者、赚取高额利润的目的，故意把最好的东南亚花梨木叫作"草花梨"，却给最差的非洲非红木或亚红木冠以迷惑性的赚钱性的商品

柬埔寨花梨木(学名:越柬紫檀)板枋材图　　缅甸腊戌花梨木(学名:大果紫檀)板枋材图

名，称为"巴西花梨""非洲花梨""高棉花梨""非洲黄花梨""非洲酸枝""小叶红檀""大叶红檀""黑紫檀"和"乌檀"等等。作假家具厂，将非洲非红木、亚红木染色、做旧及表面涂抹硬化剂冒充香枝木、越束紫檀、大果紫檀家具在家具市场大量销售。这些非洲木材的共同特点为木质普遍较轻，材质极疏松，未做硬化的家具，指甲轻轻一划就留痕。棕眼较长，颜色以黄红和浅黄为主。这些木材直径达80~160厘米，价格仅为东南亚花梨木的四分之一到八分之一。这些非洲花梨木生产出来的家具多为整木一块板，直观给人料好的错觉，再加上缺德商人天花乱坠的吹嘘，不少人因此上当受骗，出了真红木的高价却买了西南桦一样价值的杂木家具。

柬埔寨花梨木(学名：越束紫檀)原材有三种颜色，即红色、黄色及白色。

1.3 何谓"草花梨"

　　为什么东南亚产的花梨木都叫"草花梨"？非洲产的非花梨和亚花梨为什么不叫"草花梨"？花梨木类共有7种木材收入《红木》国家标准，目前市场上能达到《红木》国家标准的花梨木基本上产自东南亚。红木中有两种俗称较混淆，"花梨木"和"黄花梨"。中国靠东南亚口岸地区的木材商，为了在口岸地区表达准确，避免造成概念上的错误，不约而同地都习惯将花梨木和香枝木统一俗称为"草花梨"和"黄花梨"。也就是说，东南亚"草花梨"并非为草根不值钱之概念，而恰恰相反是真正好花梨木的代名词。非洲的很多木材本来就达不到红木和花梨木标准，有很多木头连名称都未确定，争议颇多，往往一种木材有四五个名称。为了木材或家具卖个好价钱，看着木材纹

束埔寨花梨木(学名:越束紫檀)大板图
规格: 15cm×120cm×400cm
这样的独板材价格极高，每立方米接近10万元

理、颜色像《红木》国家标准收入的哪种红木就凭空起一个迷惑消费者的赚钱的商品名，如"红花梨""高棉花梨""非洲花梨""巴西花梨""非洲黄花梨""非洲酸枝"等等。用"草"字就成贬义，起的本是假名赚钱名，谁都忌讳"草"字，所以说非洲这些非红木（杂木）、亚红木无论如何起名都不会加"草"字。最糟糕的是，有的卖非洲木材和家具的商人，为了推销自己的产品，高八度地叫"我的是红花梨"，有时还反问客户："你知道缅甸花梨木叫什么吗? '草花梨'！"

1.4 花梨木按木质可分为三类

第一类，国标红木中的上等花梨木，即越南、束埔寨和缅甸产的越束紫檀和大果紫檀。第二类，国标红木中的普通花梨木，即安达曼紫檀、囊状紫檀、印度紫檀、鸟足紫檀和刺猬紫檀。第三类，不属于国标红木的亚花梨，即非洲紫檀、安哥拉紫檀、安氏紫檀、药用紫檀、罗氏紫檀、刺紫檀、变色紫檀和菫色紫檀。第三类中的八种分别为市场上俗称的"非洲红花梨""非洲高棉花梨"和"非洲普通花梨"。由于木材气干密度远远达不到0.76g/cm³的国家花梨木标准，其木质和价格与杂木差不多，故也被业内称为"软花梨"或"亚花梨"。

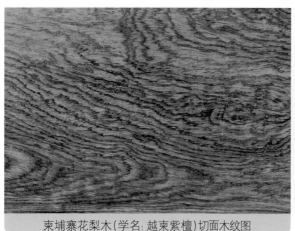

束埔寨花梨木(学名:越束紫檀)切面木纹图

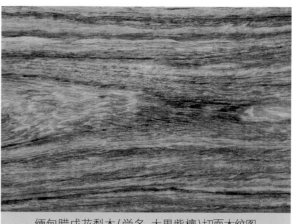

缅甸腊戍花梨木(学名:大果紫檀)切面木纹图

目前最好的花梨木就是"越束紫檀"，主要产于越南、束埔寨、老挝和泰国一带。气干密度高达0.9g/cm³左右，有些木头入水即沉。其芯材红黄和浅黄红，常带黄褐色条纹。另外一种称"鸟足紫檀"，产地在以老挝、泰国为主的中南半岛热带地区，其气干密度也达到0.90g/cm³左右，其芯材为红黄和浅黄红，常带褐色条纹。而使用最多的花梨木，同时也是市场上最受欢迎的应为产于缅甸的花梨木，即大果紫檀。气干密度为0.9g/cm³左右，产地为缅甸、老挝。其芯材色一般为黄红和浅黄红，白黄色也不少，深褐色条纹较少。现在这种花梨木越来越少，主要是由于上个世纪80年代到90年代缅甸整个国家过度采伐，导致大果紫檀可采伐量已微乎其微。还有一种花梨木"印度紫檀"，产地为南亚、东南亚、所罗门群岛。至于有些学者及商人将其认为是明清家具中的所用之木"紫檀木"，其实是一个致命的错误。它仅仅是豆科紫檀属花梨木类中的一个树种，只是树名相似容易混淆而已，与檀香紫檀木有着天壤之别。其木材芯材颜色一般为浅黄红，常常带有深浅相间的黄褐色条纹，气干密度为0.8g/cm³左右，这种花梨木中大部分木材的气干密度并未达到《红木》国家标准规定的0.76g/cm³，只能称为亚花梨。不过"印度紫檀"经常伴生直径较大的树瘤，即瘿木。大多数花梨瘿木一般来源于"印度紫檀"。

1.5 花梨木与"黄花梨"

在有些清代红木家具中，花梨木和香枝木，即俗称的"黄花梨"，是没有严格区分的，都统一做成颜色较深、纹路难辨的深色家具，但它毕竟是完全不同的两类木材。进口的紫檀属花梨木类的木材虽然与产于海南岛和越南的黄檀属的降香黄檀——俗称的"黄花梨"均有"花梨"二字，但二者同科不同属，是不同树种的完全不同的两种木材。尽管现代红木家具市场有一些不法商人也用花梨木树根较褐黑的部分制作成家具冒充香枝木家具骗人，但它们毕竟是两种完全不同的木材。花梨木归豆科紫檀属，该属除檀香紫檀外的60多个树种均为花梨木。而香枝木则为豆科黄檀属的降香黄檀树种。

束埔寨花梨木(学名：越束紫檀)切面木纹图

越南香枝木切面木纹图

印度花梨木(学名:印度紫檀)树干图

第2节 花梨木与亚花梨和其他非花梨

2.1 花梨木与铁力木

近几年在红木家具中大量出现一种很像花梨木的假冒花梨木家具。缅甸叫"槟格多"，上海木材市场俗称"金车花梨"。这种木材就是明清家具中使用过的铁力木。铁力木同花梨木很近似，只是更偏红偏黑，油性更大，有些老料褐红或褐黑色。铁力木的红又不同于红酸枝木的红，很像花梨木的红。密度同花梨木差不多，木材价是花梨木的三分之一左右。《红木》国家标准中，铁力木未收入红木。

2.2 印度紫檀

学名： Pterocarpus indicus Willd。蝶形花科（Fabaceae）。

印度紫檀分布于南亚、东南亚及太平洋诸岛。为菲律宾的国树。

形态特性： 印度紫檀，俗称印度花梨。大乔木，高达30米左右，胸径50~100厘米，树冠条伞形，树干下段通直，上段开叉多，树皮白褐色，深裂成长方形薄片，树液机油色。羽状复叶，互生，长15~25厘米，小叶9~15片，卵形或椭圆形，顶端急尖而钝头，长5~7厘米，宽3~4厘米。花圆形，带白黄色或具黄色条纹。果状圆形，中部隆起，外缘为薄翅状，具明显的细纹，成熟时不开裂，有种子1粒。种子圆形，直径约1厘米，褐色。果期翌年6~7月。

印度花梨木（学名:印度紫檀）树叶图

印度花梨木(学名:印度紫檀)树叶图

印度花梨木(学名:印度紫檀)种子图

印度花梨木(学名:印度紫檀)瘿木图

印度花梨木(学名:印度紫檀)木纹图

铁力木树叶图

铁力木树叶与印度花梨木树叶比较图

铁力木树干图

铁力木地板木纹图

花梨木实木门半成品局部木纹图

柬埔寨花梨木(学名:越柬紫檀)树叶图

2.3 花梨木与亚红木和非红木

花梨木家具是目前红木家具市场上数量较多的红木家具，而且用料十分复杂，是树种和材质都鱼目混珠、差别较大的一种红木家具，同时也是以次充好，亚红木、非红木（杂木）掺假相当泛滥的一类家具，已成为一个较突出的严重扰乱红木家具市场的大问题。最严重的是，非洲亚花梨和非花梨（杂木）大量充斥红木家具市场，花梨木类家具已到了优优劣劣、真真假假、数量和价格都严重混乱的地步，严重地扰乱着红木家具市场和伤害着消费者。这种现象，普通消费者和收藏者很难认识到，也无能为力，其结果就是你也上当受骗，我也上当受骗。长江三角洲一带的消费者大多数都不愿购买做好深色油漆的成品花梨木家具，最重要的原因就是害怕买到亚花梨和非花梨木（杂木）家具。本书里所指的"亚红木""非红木"，并非亚洲红木或非洲红木，指的是达不到《红木》国家标准的、近似红木的亚红木和白木（杂木）。

其实越南、柬埔寨和缅甸花梨木类家具是较好的红木家具。目前花梨木家具用材普遍比红酸枝木家具用材要好，树径大而老，木质优而精。既无白边、虫眼、死结，拼缝又少，花梨木在红木家具中是变形较小的一种，价格也比红酸枝木便宜得多，可以说是真正物美价廉的好红木家具。越南、老挝、缅甸和柬埔寨等国家的木材商人和我国云南、广西接近东南亚边境口岸一带的木材商人，为准确区分"黄花梨"和花梨木，都把东南亚的花梨木称为"草花梨"，把香枝木称为"黄花梨"。而实际上越南和柬埔寨产的"草花梨"真正的学名为"越柬紫檀"，缅甸产的"草花梨"真正的学名为"大果紫檀"。这两种花梨木是花梨木中的"金"品，业内也把它称为"金花梨"。世界上最好的花梨木就是俗称"草花梨"的"越柬紫檀"；最受市场欢迎的花梨木就是俗称"草花梨"的缅甸"大果紫檀"。

非洲非花梨（杂木）和亚花梨木家具，在上海、北京的高端红木家具市场内是很难看到的，主要在我国的中西部不发达地区的红木家具市场内大量销售，占到花梨木家具的95%以上。它的销售价格往往还同真花梨木价格一样，有的甚至更高，严重扰乱了红木家具市场和伤害了广大消费者的利益。

例如，俗称"非洲黄花梨"的皇宫椅三件套在广东进价约2800元左右，在中西部红木家具市场上有的叫价高达35000元以上，常常白纸黑字标为"非洲黄花梨"。实际上这种木头是非洲的一种杂木,《红木》国家标准第一起草人、中国林业科学院研究员杨家驹认为，"非洲黄花梨"其实就是非洲的一种硬杂木。学名红皮铁树，因气味极像猪屎味，业内和非洲当地林农也叫"猪屎木"。用这种木头制作的衣柜如果衣服装放时间长了，几乎就会臭得不能再穿。也有的用缅甸摘亚木，当地人称为恩筋木的杂木来冒充花梨木，坑害了不少红木消费者和收藏者，很多消费者花了真红木的高价却买了价值如杂木一样的家具，蒙受了巨大的精神和经济损失。"非洲红花梨""高棉花梨""非洲花梨"这些花梨木也被大量地用以冒充东南亚花梨木，虽然都贴以花梨木之名，学名也叫非洲紫檀和安哥拉紫檀，但是实际上它的气干密度远远达不到国家规定的花梨木0.76g/cm³的标准，严格意义上讲，连亚花梨木都难以算上，根本与真红木挂不上钩对不上号，其材质及价值还赶不上好的红西南桦。进口量最大的是非洲紫檀，其次是安哥拉紫檀。无论进口量多大都无法归为真红木，完全不能同真红木相提并论。这些非洲花梨木轻飘，水眼和棕眼大而粗，原料价格也只是越南、老挝、泰国、柬埔寨和缅甸花梨木的四分之一到八分之一。

花梨木按木质可分为三类：第一类金花梨，即越南、柬埔寨和老挝产的越柬紫檀、缅甸产的大果紫檀、东南亚产的鸟足紫檀。第二类银花梨，即安达曼紫檀、刺猬紫檀、印度紫檀。第三类非洲和其他地区进口的亚花梨或杂木花梨，市场上普遍也叫进口"亚花"，即非洲紫檀、安哥拉紫檀、安氏紫檀、药用紫檀、罗氏紫檀、刺紫檀、变色紫檀、堇色紫檀这八种。这类花梨木由于都达不到《红木》国家标准，其木质也与杂木差不多，故也被市场称为"软花梨""杂木花梨"和"亚花梨"。

2.4 市场上亚红木和非红木（杂木）的种类

亚红木——非洲花梨木业内也称亚红木。学名为非洲紫檀、安哥拉紫檀、安氏紫檀、药用紫檀、罗氏紫檀、刺猬紫檀、变色紫檀、堇色紫檀这八种，俗称为"红花梨"或"非洲红花梨""高棉花梨""非洲花梨""花梨""一般花梨""普通花梨"等等。斯图崖豆木，俗称"黄鸡翅木"，也属于亚红木，因为它的气干密度达不到《红木》国家标准。

非红木（杂木）——即不是红木的杂木。

平心而论，现在市场上的几种非红木家具，如维腊木、红铁木豆和褐榄仁等，虽然未收入《红木》国家标准目录，售价也远远比不上收入《红木》国家标准的三十三种红木的价格，但是其木质还比亚花梨要好一些；木纹还比亚花梨好看一些；价格、价值都比亚花梨高一些。主要如下：

中文学名	俗称
红铁木豆	小叶红檀、红檀
铁线子、西非肉豆蔻	大叶红檀、红檀
褐榄仁、阿诺古夷苏木	黑紫檀、乌檀
伯克苏木	非洲酸枝、南美酸枝、巴里桑、可乐豆、红贵宝
古夷苏木	巴西花梨（原产地并不在巴西，而是非洲的加蓬和喀麦隆）
维腊木	绿檀、玉檀、玉檀香和鬼木
胶漆树	大漆树、红檀、印尼花梨
红皮铁树	非洲黄花梨或猪屎木

从目前红木家具市场的混乱状况研究分析，业内认为研究、分析、了解亚红木和非红木（杂木）这一问题，非常重要，有助于人们认识红木、使用红木、珍惜红木和推动红木家具市场健康发展。目前市

场上的亚红木、非红木（杂木）家具按色分有三类。黑色，主要是用褐榄仁、阿诺古夷苏木制作，俗称"黑紫檀""乌檀"等。价格卖得不低，往往跟缅甸花梨木的价格差不多。黄色，主要为古夷苏木、红皮铁树、非洲紫檀、安哥拉紫檀、安氏紫檀、药用紫檀、罗氏紫檀、刺紫檀、变色紫檀、堇色紫檀等，俗称，"巴西花梨""非洲黄花梨""红花梨""高棉花梨""非洲花梨""花梨""一般花梨""普通花梨"等等。红色，主要是用白克苏木、红铁木豆、铁线子、非洲紫檀制作，俗称"非洲酸枝""小叶红檀""大叶红檀""红花梨"等。

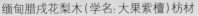

缅甸腊戌花梨木（学名：大果紫檀）枋材　　　　缅甸腊戌花梨木（学名：大果紫檀）切面木纹图

　　带"檀"字学名的木头一般为好木头，红木家具行业一些不法商人，以此规律钻头觅缝为一些新上市的硬杂木起赚钱的商品名，起出了很多与木头不沾边的名字，如"黄檀""黄紫檀""乌檀""黑紫檀""绿檀""玉檀""红檀""大叶红檀""小叶红檀"等等。带有这些赚钱商品名的家具的成本普遍只是花梨木家具的四分之一到五分之一，售价却同花梨木家具差不多，有的甚至更高。最便宜最糟糕的桉树，也贴上一个"血檀"，卖价也就堂而皇之同花梨木价格一样了，严重扰乱了红木家具市场。目前又出现一种"非洲檀香木"，其实也是杂木，其学名为螺穗木。

"非洲黄花梨"（俗称），学名：红皮铁树切面木纹图　　　　"非洲高棉花梨"（俗称）切面木纹图

"非洲黄花梨"(俗称)枋材图
"非洲黄花梨"实际上是一种白木,其学名为红皮铁树。这种木材因有较大臭味,很不受市场欢迎。但其颜色和纹路与柬埔寨花梨木和香枝木非常相像。

"非洲高棉花梨"(俗称)板材图
"非洲高棉花梨"为市场俗称,学名:安哥拉紫檀,因气干密度达不到花梨木标准,业内也称之为亚花梨。

2.5 非洲花梨和亚花梨家具没有价值

非洲花梨木和亚花梨木有非洲紫檀、安哥拉紫檀、安氏紫檀、药用紫檀、罗氏紫檀、刺猬紫檀、变色紫檀、董色紫檀这八种。非洲花梨木虽然称亚红木(所谓亚红木,就是《红木》国家标准有同类的这种树种,但气干密度达不到标准),同其他非红木(杂木)、亚红木相比,这八种木材很糟糕。一是白边易腐烂。现在中国沿海制作的家具芯材和白边通用,这种木材的白边做成家具,十年都熬不过,所以说质量太差。二是虫眼多。这种木头除了白边易腐烂外,虫眼还比较多,密密麻麻,很难把有虫眼的木材割除,中国沿海制作的家具往往把有虫眼的料也用上。三是纤维粗木质差。这种木材同普通杂木一样,木质相当差,制作成毛坯家具时,指甲轻轻一划就留痕迹。四是色难看。有的木头制作的

"非洲黄花梨"(俗称),学名:红皮铁树全树貌图

"非洲高棉花梨"(俗称)切面木纹图,非洲高棉花梨为市场俗称,学名:安哥拉紫檀,因气干密度达不到花梨木标准,业内也称之为亚花梨。

家具，颜色是较奇怪的粉红色，一看就给人有不自然的假红木感。非洲花梨用得最多的有两种：一种是高棉花梨，色浅偏黄白，纹路不明显。一种是红花梨，颜色为怪粉红色，红得十分不自然。业内认为，与其买非洲花梨木家具，倒不如买好的杂木家具或集成材家具，更坚固、耐用和实惠。

"非洲黄花梨"（俗称，学名：红皮铁树）树叶图

"非洲红花梨"（俗称）原材截面图（此料直径为120cm，长600cm）。非洲红花梨为市场俗称，其学名为非洲紫檀，因气干密度达不到花梨木标准，业内也称之为亚花梨。

非洲红花梨（俗称）切面木纹图

沿海地区生产的非洲红花梨（俗称）沙发成品图

沿海地区生产的非洲红花梨（俗称）掺柴木制作的沙发半成品

| 柬埔寨花梨木(学名: 越柬紫檀)老树切面木纹图 | "红檀"(俗称)板材图 |

2.6 红铁木豆和铁线子

红铁木豆和铁线子为苏木科，铁木豆属，产自热带非洲和南美洲。市场俗称"红檀"。散孔材，生长轮不明显或略见。芯边材区别明显，芯材材色灰红褐、红褐、紫红褐；边材近白色或浅黄色。木材重至甚重，气干密度为0.85g/cm³左右，波痕不明显至明显。

红铁木豆制作的家具在市场上是冒充红酸枝木家具出售的，价格往往超过缅甸花梨木。红铁木豆和铁线子的颜色与红酸枝木非常相似，光看颜色和重量是很难分辨的，主要比较纹理。红铁木豆花纹比较细而直，没有黑褐纹路，而红酸枝木的花纹比较不规则且宽，有较多的水波纹式的黑褐纹路。重量比较：红铁木豆更轻，红酸枝木更重。味道比较：红铁木豆不带酸味，而红酸枝木带酸醋味。

在非红木家具中，红铁木豆制作的家具比"非洲红花梨""巴西花梨"和"高棉花梨"制作的家具

仿古花梨木孔雀太师椅

花梨木双龙戏珠大雕沙发十七件套

仿古花梨木古凳桌

要好。中国南方一带制作的这类家具一般是白边都全部用上。红铁木豆、铁线子的白边料比较硬，密度高，又不易腐烂，没有虫洞。这种料制作出的家具同褐榄仁、阿诺古夷苏木和维腊木制作的家具一样，从质量、价值上说都比"非洲花梨""巴西花梨"和"高棉花梨"制作的家具好得多、贵得多。

现代花梨木白菜休闲工艺椅五件套

现代花梨木龙凤休闲工艺椅五件套

仿古花梨木官帽椅三件套

2.7 "巴西花梨"

学名：古夷苏木，俗称"巴西花梨"。原产地并不在巴西，而是非洲的加蓬和喀麦隆，也有称"非洲花梨"。古夷苏木是杂木，所以俗称"巴西花梨"制作的家具是非红木（杂木）家具。古夷苏木因它的气干密度只是$0.65g/cm^3$左右，它的木质并没有红铁木豆、铁线子（俗称"红檀"）好。它的纹理比较好看，酷似香枝木和白一点的"花酸枝"。但是，从重量上很好分，古夷苏木较轻，香枝木和"花酸枝"较重，掂一掂就能断定了。

现代花梨木九龙沙发三件套

仿古花梨木圈椅三件套

"巴西花梨"（俗称）沙发成品图

"巴西花梨"（俗称）原木图

"巴西花梨"为市场俗称，也称为"巴花"，学名：古夷苏木，其木为白木类，不属于红木，业内也称为非红木，所谓"巴西花梨"实际上也是来自非洲的非红木。

花梨木中式大床三件套

花梨木中式大床三件套

第3节 花梨木家具

3.1 红木家具市场中的花梨木家具既假又乱

目前红木家具市场极其混乱，其中最乱的莫过于花梨木家具。毫不夸张地说，红木家具市场里卖的花梨木家具至少95%以上是非洲廉价的假花梨和亚花梨。但消费者到红木家具市场买红木家具时，没有哪家销售员会承认自己卖的是非洲假花梨或亚花梨家具，肯定都说自己的是缅甸、越南、柬埔寨和老挝花梨木家具或东南亚花梨木家具。这里面到底有什么奥妙呢？其实一说穿，消费者便明白了。国标七种花梨木中，非洲的花梨木只有一种归为国标红木，其学名为刺猬紫檀。由于非洲生长刺猬紫檀地区极其贫困，经过近十几年无节制的乱砍滥伐，刺猬紫檀已匮乏，现在大量充斥内地和沿海地区红木原材市场的几乎都是非洲假花梨和亚花梨。非洲的假花梨和亚花梨原材的价格只

是以缅甸、柬埔寨、越南、老挝为代表的东南亚花梨木原材价格的七分之一，但是，非洲假花梨和亚花梨制作的家具在红木家具市场里，黑心商家的要价和卖价往往还高出东南亚花梨木制作的家具。

花梨木茶桌

非洲的假花梨和亚花梨因其气干密

缅甸花梨木祝寿沙发十六件套

度远达不到花梨木国家标准（《红木》国家标准规定，花梨木木材含水率达12%时，气干密度要达到0.76g/cm³以上），业内称为亚花梨。虽然消费者雾里看花，水中望月，都蒙在鼓里，但黑心红木经销商个个都心知肚明，都知道非洲假花梨和亚花梨不属于国标红木。非洲假花梨和亚花梨与东南亚花梨木的价格相差甚远；实在一点儿讲，一个属于红木，一个是假红木或亚红木。这些非洲假花梨和亚花梨家具给收藏者和消费者的伤害，同市场上某些假家具相比，有过之而无不及。

最好的花梨木学名为越柬紫檀，也就是产自柬埔寨、越南和老挝的花梨木。最受市场欢迎的花梨木其学名为大果紫檀，即缅甸的花梨木。东南亚的花梨木在越南北宁原材市场和中国云南的瑞丽口岸市场，小料卖到15000元/m³~20000元/m³，面板卖到25000元/m³~35000元/m³。东南亚的花梨木近些年其终端销售地基本上都在越南北宁和中国云南的瑞丽口岸，极少流向内地和沿海地区的红木原材市场。

首先，沿海一带廉价的非洲假花梨和亚花梨铺天盖地供过于求。其次，非洲假花梨和亚花梨价格只是3000元/m³~5000元/m³。而且非洲假花梨和亚花梨料很大，直径一般都在1米以上，长达5~10米，用其制作的家具直观还给人料好的感觉。再次，受铺天盖地的非洲假花梨和亚花梨的冲击，东南亚花梨木在内地和沿海地区红木原材市场上的售价远远还没有在越南北宁市场和中国云南瑞丽口岸的售价高。而且东南亚花梨木产量也越来越少，在越南北宁市场和中国云南瑞丽口岸就已供不应求，也就不会有木材商舍近求远了。非洲刺猬紫檀，由于近十几年过猛过度采伐，已快被砍光，在内地和沿海的原材市场上已很难看到。有些商家把刺猬紫檀与俗称的"非洲黄花梨"混为一谈乱卖，这是错误的。这两种树是截然不同的两个树种。刺猬紫檀属于国际红木，俗称的"非洲黄花梨"属于杂木。总之，内地和沿海地区制作的花梨木家具，大多是非洲假花梨或亚花梨家具。假花梨和亚花梨家具的价格还没有云南红西南桦制作的家具价格高。好的云南红西南桦枋材每立方米卖到6000元左右，远远高过非洲的假花梨和亚花梨的价格。

现代花梨木六角花架

现代花梨木圆桌五件套

现代花梨木扇形茶桌六件套

现代花梨木休闲方桌五件套

现代花梨木书桌

市场上常见的非洲假花梨有两种：一种俗称"非洲黄花梨"或"非黄"；另一种俗称"巴西花梨"或"巴花"。"非洲黄花梨"或"非黄"，不属于红木，也不是刺猬紫檀，其学名为红皮铁树。非洲本地人通常称它为"猪屎木"。这种木材极臭，家具店如果摆放了过多的"非洲黄花梨"家具，每天都得喷洒香水或放置很多果皮、吸味剂来吸臭，否则连销售员都会呼吸困难无法长待。"巴西花梨"或"巴花"其实也来自非洲，也不属于红木，是一种杂木，其学名为古夷苏木。

非洲亚花梨，市场上常见的有两种：俗称为"红花梨"和"高棉花梨"。"红花梨"学名为非洲紫檀，这种木头颜色为粉深红，完全不同于东南亚花梨木的颜色，很容易辨别。"红花梨"因气干密度达不到花梨木国家标准，最多只能归为亚花梨。"高棉花梨"学名为安哥拉紫檀，其纹路、颜色、味道同东南亚的花梨木几乎一模一样，因气干密度达不到花梨木国家标准，业内也把它归为亚花梨。"高棉花梨"与东南亚花梨木的区别不通过检测机构切片分析很难辨别出它的真假，一般消费者就更加无法分辨。这两种亚花梨为黑心红木商家赚大钱，但却坑害了不少消费者。这两种亚花梨同东南亚花梨木相比，最大的区别就是重量轻得多。但是有些黑心厂商往往在家具中灌进了水泥，要细心观察才能发现。

现代花梨木梳妆台

仿古花梨木屏风

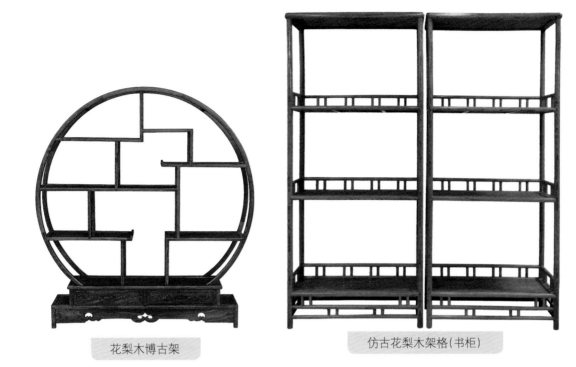

花梨木博古架

仿古花梨木架格(书柜)

仿古花梨木四联套几

现代花梨木曲屏风(五片)

现代花梨木衣帽架

仿古花梨木衣帽架

花梨木欧式酒柜

花梨木酒柜

现代花梨木博古架

仿古花梨木翘头案

仿古花梨木客厅中堂六件套

仿古花梨木罗汉床三件套

花梨木圆桌七件套

花梨木圆桌九件套

花梨木方桌七件套

花梨木仿古橱柜

花梨木电视柜

现代花梨木座屏风

花梨木现代办公桌

越南广平铁刀木树林图

第1节 鸡翅木概论

1.1 鸡翅木

　　鸡翅木为豆科（LEGUMINOSAE），崖豆属（Millettia）和铁刀木属（Cassia）。鸡翅木类共有三个树种收入国标红木，即非洲崖豆木、白花崖豆木、铁刀木。

中文学名	拉丁文学名	俗称	产地
非洲崖豆木	Millettia laurentii De Wild	非洲鸡翅木	非洲刚果盆地
白花崖豆木	Millettia leucantha Kurz(M. pendula Bak.)	缅甸鸡翅木	缅甸、泰国
铁刀木	Cassia siamea Lam.	黄鸡翅木	东南亚，中国云南、广西、广东

缅甸八莫白花崖豆木树貌图　　　　　　缅甸八莫白花崖豆木树干图

中国瑞丽景喊铁刀木树枝图

中国瑞丽景喊铁刀木树干图

1.2 特征

　　形态特征：三种鸡翅木均为落叶乔木。树高25~35米，直径0.4~0.8米。树皮灰白色，平滑皮状。羽状复叶，小叶6~11对，单片叶长8厘米左右，花呈黄色。

　　木材特征：颜色及纹路，鸡翅木的心材颜色为透褐黑色和栗褐色，纹路带黄白色和黑色相间的鸡翅聚翼状纹路。斜截枋板材纹理很多，其他任何红木都没有这样分布多而漂亮的纹理。因纹路像鸡翅状分布而得名。

木材特征	颜色	纹路	生长轮	宏观构造	气干密度g/cm³	气味
非洲崖豆木	久切面透黑或褐黑	斜切有较多细密的白黄黑相间鸡翅聚翼状纹状	略明显	散孔材,管孔肉眼下可见	0.88左右	无明显气味
白花崖豆木	久切面透黑或褐黑	斜切有较多细密的白黄黑相间鸡翅聚翼状纹状	不明显	散孔材,木射线在放大镜下明显	1.02左右	有酸臭味或中草药味
铁刀木	褐暗黄或褐浅黑	斜切有较多细密的白黄黑相间鸡翅聚翼状纹状	略明显	散孔材,管孔肉眼下可见	0.78左右	有酸臭味或中草药味

越南广平铁刀木树根图

中国瑞丽景喊铁刀木树干图

越南广平铁刀木树干图

缅甸八莫白花崖豆木树干图

越南广平铁刀木树叶图

越南广平铁刀木嫩叶图

中国瑞丽景喊铁刀木树叶图

缅甸八莫白花崖豆木树叶图

越南广平铁刀木种子图

缅甸八莫铁刀木种子图

中国瑞丽景喊铁刀木树花图

缅甸八莫铁刀木树花图

非洲崖豆木原材图(俗称: 大鸡翅)

非洲崖豆木原材图(俗称: 小鸡翅)

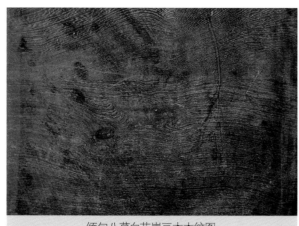

缅甸八莫白花崖豆木木纹图

非洲崖豆木切面木纹图

1.3 铁刀木的特征

俗称： 黑心树（云南西双版纳）、埋黑哩（傣语）、鸡翅木。

一、形态特征： 铁刀木常绿，高15~20米。树皮平滑。枝粗，有棱，疏被短柔毛。多为偶数羽状复叶，小叶6~11对，革质，长椭圆形，顶端钝，微凹入，有短尖头。下面被脱落性短毛，花大，直径2.5厘米，黄色，集成顶生圆锥花序，开花期长。发育雄蕊7枚，较大，退化雄蕊3枚，较小。子房无柄，被细毛，柱头颇明显。荚果长15~30厘米，宽10~15毫米，条状扁平，向基部渐狭，边缘加厚，被细毛，熟时带紫褐色；有种子10~20粒，种子扁平近圆形，黑褐色，光滑。

二、分布： 缅甸、泰国、越南、老挝、柬埔寨、斯里兰卡、菲律宾等地，中国云南、广东、海南、广西、福建也有分布。

仿古鸡翅木沙发十件套

三、木材性质及用途：散孔材，纹理直，结构略粗，材质中等；基本比重为0.75g/cm³。边材黄白色至白色，一般厚3~7厘米，略宽，芯材暗褐色至紫黑色；木材刚解开时白黄色，解开后逐渐变为黑色，斜切具鸡翅状花纹。芯材特别是髓芯坚实耐腐，耐水湿，不受虫蛀及白蚁为害，经久耐用。适宜制作高级家具和工艺品。但铁刀木材质坚硬，难锯难刨，钉子钉弯也难钉入，刀斧难入，故有"铁刀木"之称。

铁刀木树皮、荚果含鞣质，树枝上偶尔可找到天然紫胶，可作为鞣料植物。

1.4 鸡翅木的界定

《红木》国家标准界定了非洲崖豆木、白花崖豆木和铁刀木三个树种为鸡翅木，并规定鸡翅木类木材必须具备4个条件才为鸡翅木：

（1）崖豆属（Millettia）和铁刀木属（Cassia）树种。

（2）木材结构甚细至细，平均管孔弦向直径不大于200微米。

（3）木材含水率12%时气干密度大于0.80g/cm³。

（4）木材的芯材、材色是黑褐或栗褐色，弦面上有鸡翅花纹。

《红木》国家标准对于正确认识和把握鸡翅木的特征有很大帮助。但是多数人还是从木材表面是否有鸡翅纹来认识和把握，这既不正确也不全面。鸡翅纹在几种木材上都有表现，如多数榉木和少数花梨木、白酸枝木的纹路也呈鸡翅纹状。界定鸡翅木还是要按照《红木》国家标准，熟知鸡翅木类木材必须具备的4个条件，仔细观察比较，才不会得出错误的结论。另外，铁刀木收入鸡翅木类，主要以其木材表面的纹理来归类，铁刀木木质差异极大，必须多思、多看和多掂才不会看走眼和上当受骗。

1.5 鸡翅木的分类

鸡翅木生长的地方较多，是红木中生长区域较广的树种。中国的云南、广西、广东、福建都有分布。非洲、东南亚大量生长。鸡翅木又称相思木。唐诗"红豆生南国，春来发几枝，愿君多采撷，此物最相思"，描写的就是鸡翅木。

缅甸八莫白花崖豆木制作的餐桌主椅图

此图上为铁刀木达不到《红木》国家标准的"黄鸡翅"
（中国广西、云南和越南、老挝都产这种铁刀木）
中为达到《红木》国家标准的非洲崖豆木（业内称黑鸡翅）
下为达到《红木》国家标准的缅甸白花崖豆木（业内称黑鸡翅）

鸡翅木有三种：一种为非洲产的非洲崖豆木，也叫黑鸡翅木。树极高，直径大，木材长，现在中国南方一带生产的鸡翅木家具，基本上是由这种非洲崖豆木制作。非洲崖豆木，气干密度在0.65g/cm³~0.83g/cm³之间，现在市场上销售的非洲鸡翅木大多数气干密度都达不到《红木》国家标准。《红木》国家标准中的鸡翅木标准为：崖豆属（Millettia）和铁刀木属（Cassia）树种；木材结构甚细至细；平均管孔弦向直径不大于200微米；木材含水率12%时气干密度大于0.80g/cm³；木材的芯材、材色是黑褐或栗褐色，弦面上有鸡翅花纹。所以非洲的大多数是亚红木或亚鸡翅木。

鸡翅木还有两种：一种为缅甸产的白花崖豆木。白花崖豆木产自缅甸中北部，是鸡翅木类中的极品。缅甸人叫"丁纹木"，直径50厘米左右，上个世纪90年代大量采伐后，近些年几乎没有批量货售，大多数只是家具商带样进缅甸山上生产半成品运出，数量很少。气干密度一般大于1g/cm³，白花崖豆木制作的家具分量较重。白花崖豆木树芯未锯开前为白黄色，解为板枋几分钟后见阳光即开始氧化，渐变为透黑或黑褐色。另一种为产自中国云南、广西、广东、福建和东南亚的铁刀木。这种铁刀木大多数为黄心，色棕褐带黄，业内也称"黄鸡翅木"，是鸡翅木类中的下品。密度只有0.45g/cm³~0.83g/cm³左右，由于大多数密度达不到《红木》国家标准的规定，绝大多数只能归为亚红木。

铁刀木的白边呈黄白色，一般低档家具厂家都将芯边材一起使用。如果把带有白皮的铁刀木家具置于背阴潮湿的角落，三到五年白皮就腐烂成渣，几乎不能再用。这种带有白皮的铁刀木制作的家具是最差的家具，有的还不如用好杂木制作的家具。带有白皮的铁刀木的价格也只是缅甸白花崖豆木的五分之一左右。

1.6　黑鸡翅木与黄鸡翅木的差异

黑鸡翅木与黄鸡翅木区别很大，并不是一种树种。树种产地不同。《红木》国家标准中，黄鸡翅木归为铁刀木，主要产自中国云南、广西、广东、福建和东南亚等地。

黑鸡翅木有两种：非洲崖豆木和白花崖豆木，分别主要产自非洲和缅甸。这两种鸡翅木业内也叫"黑鸡翅木"。

颜色纹路不同：黄鸡翅木褐暗黄或褐浅黑，黑鸡翅木久切面透黑或褐黑。木质纤维不同，黄鸡翅木纤维较粗，黑鸡翅木甚细。非常独特的是黑鸡翅木中的白花崖豆木树芯有矿物质沙石心，即类似沙石一样的矿物质，有呈放射状的纹路由树芯向外扩大。沙石心极硬，如石头一样，解料时会崩锯。沙石心在整个木材中的比例不等，少则3%，多则10%左右，加工难度大。黑鸡翅木中的非洲崖豆木和黄鸡翅木没有矿物质沙石心。

气干密度不同：黄鸡翅木气干密度在0.45g/cm^3~0.83g/cm^{3}左右；黑鸡翅木中的非洲崖豆木的气干密度为0.65g/cm^3~0.83g/cm^{3}左右；黑鸡翅木中的白花崖豆木气干密度却高达1.0g/cm^{3}左右，白花崖豆木密度大，多数沉于水。

价格不同：白花崖豆木最贵，是非洲崖豆木的三倍价格，铁刀木最便宜，只是白花崖豆木的五分之一。

1.7　铁刀木与铁力木

铁力木又写作铁梨木、铁栗木，别称石盐、铁棱等，学名Mesua ferrea，常绿乔木，藤黄科，铁力木属。树木高大，是硬木树种中最高大的一种，高可达三四十米，直径达一至二米，树干直，主要产于东南亚热带地区，我国广东、广西、云南等地也有。铁力木材质坚硬，可分为粗丝铁力木和

此图上为铁刀木达不到《红木》国家标准的"黄鸡翅"。
此图下为达到《红木》国家标准的非洲崖豆木（业内称黑鸡翅）

细丝铁力木：粗丝铁力木色呈黑褐色，纹理粗长，棕眼长短不一，分布不均，切面粗糙，易开裂；细丝铁力木呈红褐色，纹理自然流畅，有的纹理近似鸡翅木特有的金色或浅色细长丝纹，切面光滑，油性极高。

铁力木与铁刀木一字之差，二者却在科属和木性上有着天壤之别。铁力木是藤黄科，铁力木属；铁刀木是一种鸡翅木，豆科，铁刀木属。铁力木芯材暗红色，曲线细美，纹理自然美观，有点儿接近鸡翅木，密度大；铁刀木芯材为暗褐色，纹理似鸡翅，密度小。

铁刀木与铁力木是不同科、不同属也不同树种的两种木材。

铁力木，《广西通志》称铁力木为"石盐"。铁力木油性极大，木质坚韧，新料呈黄红色，久后变为黑色，古典家具有用，但现代用于制作家具较少，主要用在建筑和装饰上。近年在红木家具中开始出现用铁力木冒充花梨木的现象。铁力木，缅甸叫"槟格多"，上海木材市场称为"金车花梨"。铁力木，同花梨木很近似，只是更偏红，油性更大而已。铁力木，有些老料褐红或褐黑色，这种红很像花梨木的红。密度同花梨木差不多，木材价是花梨木的二分之一。《红木》国家标准中，铁力木未收入红木。铁刀木与铁力木只是名称相近，是两种截然不同的木头。

木材特征：木材特征不同铁刀木芯材栗褐色或黑褐色，带鸡翅聚翼状纹路，新切面有酸臭味或中草药气味，味微苦。鸡翅纹路变化多端，非常美丽。

铁力木芯材暗红褐色，新切面很像花梨木，久则为黑褐色，光泽明亮，油性特大，直纹多，花纹少。

比重及手感：铁刀木比重轻者居多，而铁力木的比重大于$1g/cm^3$者居多，入水即沉。历史上多用于桥梁、寺庙及厚重的大门。

铁刀木容易起茬，手感粗糙，加工及打磨十分困难。铁力木按收藏家的习惯可分为"粗丝铁

上为非洲崖豆木木材样品图
下为缅甸白花崖豆木木材样品图

力"及"细丝铁力"。粗丝纹理粗长，棕眼也粗大，一般呈黑褐色，手感毛糙。"细丝铁力"红褐色多，稀疏细长的金丝或浅色的丝纹明显，光滑似玉，手感极佳，一般用于大案的制作。

1.8 非洲鸡翅木与缅甸鸡翅木的区别

缅甸鸡翅木又称为黑鸡翅木，木材短小较弯，直材少，是鸡翅木中的上品。相比之下，非洲鸡翅木较大较直，材质又松又软又脆，灰栗黑色，成材颜色略发黄，管孔略粗，硬度差，比重较轻，不沉于水，树芯也没有沙石心。从价格上比较，非洲鸡翅木的原料价是每立方米6000~8000元，缅甸鸡翅木是每立方米15000~25000元，价格悬殊极大。而出材率上，缅甸鸡翅木还要比非洲鸡翅木少30%~40%左右，做成成品后，两者的售价相差较大。怎样在成品家具中鉴别两种不同的材质呢？一是看光洁度。缅甸鸡翅木光滑细腻，而非洲鸡翅木，有些很细致的花纹用它是雕不出来的。二是比重量，缅甸鸡翅木给人的感觉是特别地重。三是区别产品种类。由于缅甸鸡翅木大材少，所以多用于制作小型沙发和小型家具等。非洲鸡翅木原材本身较大，什么都可以做。特别重要的一点是，如果您购买鸡翅木产品，一定要让厂家在合同中注明是哪一种鸡翅木，以此作为购买的依据，也就可以避免出高价买到质次的鸡翅木家具了。

缅甸铁力木树干图

中国瑞丽景喊铁刀木树干图

中国瑞丽景喊铁刀木树叶图

缅甸铁力木树叶图

缅甸铁力木木材样品图

非洲崖豆木制作的罗汉床图

缅甸白花崖豆木制作的书房套

第 2 节 鸡翅木家具

仿古鸡翅木拐子纹长桌

仿古鸡翅木云纹长桌

仿古鸡翅木花果图宝座

仿古鸡翅木福庆纹扶手椅

仿古鸡翅木福庆纹扶手椅

仿古鸡翅木长方凳

仿古鸡翅木夔凤纹方桌

仿古鸡翅木方桌

现代鸡翅木小茶几

现代鸡翅木拐子纹大茶几

仿古鸡翅木莲花纹小茶几

仿古鸡翅木花架

仿古鸡翅木云龙纹小茶几

仿古鸡翅木荷叶式六足香几

现代鸡翅木回纹大茶几

现代鸡翅木云纹大茶几

仿古鸡翅木鼓凳

仿古鸡翅木沙发

现代鸡翅木衣帽架

现代鸡翅木办公桌

现代鸡翅木办公桌

现代鸡翅木办公桌

现代鸡翅木茶桌

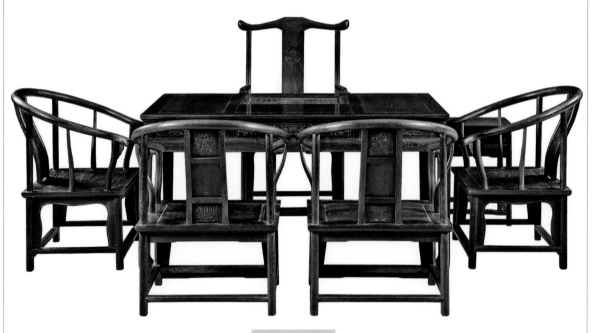

现代鸡翅木茶桌

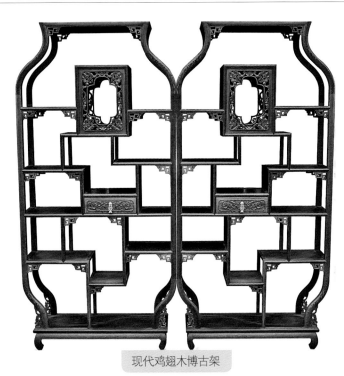

现代鸡翅木博古架

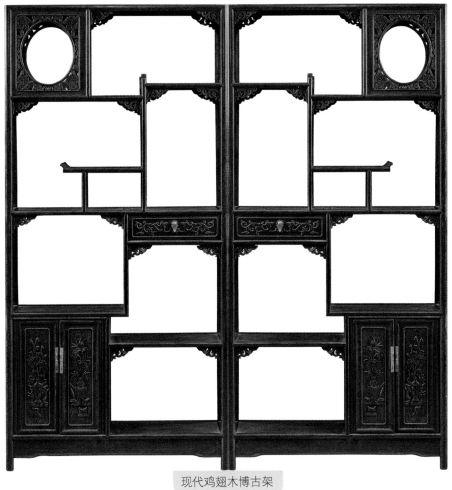

现代鸡翅木博古架

仿古鸡翅木画桌

现代鸡翅木博古架

现代鸡翅木博古架

现代鸡翅木书柜

现代鸡翅木书柜

现代鸡翅木书柜

现代鸡翅木客厅多用柜

现代鸡翅木长方桌七件套

现代鸡翅木电视柜

沉香木及制品

第7章

1.1 沉香木

中文学名	科名	属名	拉丁文名	俗称	主要分布
沉香木	瑞香科	沉香木	Aquilaria agallocha	沉香木	越南、印度尼西亚、马来西亚、新加坡、柬埔寨等。我国海南、福建也有分布。

1.2 形态特征

树——沉香木为常绿乔木，树高25米左右，胸径0.3米以上，树干多直而圆，枝杈下直干长6米左右。

皮——树外皮暗灰色，有白斑点，树皮中厚，表皮平滑至浅纵裂。内皮乳白色，纤维发达。

叶——叶互生，叶革质，叶侧脉15~20对，被毛。叶宽3.5厘米左右，长7~10厘米，每枝有5~7小叶，上面绿色，下面浅灰绿色。

花——伞形花序顶生或腋生，花芳香，乳黄色，卵状，被柔毛。

果——蒴果倒卵圆形，木质，长2.5~3.5厘米，径约2厘米。初果绿色，后变为暗褐色。

越南奇楠沉香

1.3 木材特征

颜色——树干木质部分是一种木材，边芯材区别不明显，边材多呈乳白色，芯材浅褐色。

纹路——交错纹理，有斑纹。

越南河静沉香木树干　　　　　越南河静沉香树自然受损树干

生长轮——明显。

气味——有特殊香气，燃烧时有油渗出，香气浓烈，微苦。

气干密度——木材含水率12%时，气干密度0.43g/cm³~0.55g/cm³。

其他特性——易收缩变形，反腐耐浸泡。木材不算好材，就材质而言，并不属珍贵材种。它的稀有珍贵主要是沉香木中含有丰富树脂，会转变为能作药用的沉香。

1.4　沉香形成及稀有性

　　沉香和沉香木不是一回事。沉香是沉香，沉香木是沉香木。沉香为什么叫"沉"，是因为好的沉香，木凝质所结的油脂密度高，置于水中会下沉，所以称"沉香"或"沉水香"。沉香是沉香木树干的自然伤口或被人为损伤、虫蛀食或自然坏死，倒塌埋于土中腐烂，真菌从损伤或坏死处侵入寄生发生变化，经过多年沉积形成树脂或油脂。它的形成就同云南青松损伤、坏死部分产生松油脂（俗称"松节油"）凝结成"松明子"的道理和过程一样，是经长年累月氧化发生变化，产生香脂凝结而成。取沉香要先剔除白木质部分，剩下的深褐色木质部分就是沉香。好的沉香比黄金还贵，沉香价格悬殊极大，最差的工艺品仅仅为一千克500元左右，好的可以做药的价格高达1000元/克~8000元/克。沉香是调中平肝的珍贵药材。野生上好的沉香的采集，需穿越原始森林，披荆斩棘，冒着生命危险才能取得，好的沉香越来越稀少，所以很珍贵，已被联合国列为珍稀濒绝野生植物来保护。在各产地政府皆有严格保护措施。

沉香一般要用火烧才能嗅到香味，如果不沉水的沉香不用火烧就嗅出香味，十有八九都是假沉香或人造沉香。

越南河静沉香木树，人为制造的树干受损

1.5 越南沉香

目前越南的奇楠沉香为最上等沉香，但数量极少。

奇楠沉香按其形成过程的不同分为四种：熟结、生结、脱落、虫漏。一块沉香，其脂是在完全自然中凝结聚集变化而成，称为熟结；因沉香树被刀斧砍伐受伤，流出膏脂凝结而成的称为生结；因木质部分自己腐朽后而凝结成的沉香称为脱落；因虫蛀食，其膏脂凝结而成的称为虫漏。

奇楠沉香分为四个品种等级：一号香的质地很坚硬且非常香浓；二号香质地坚硬而且香味也很浓郁；三号香的质地比较松，香味一般；四号香的质地就非常浮松，而且香味淡。

沉香形状不规则，表面多呈朽木凹凸不平。有些有刀痕，仔细看有孔油，大多可见浅黑褐色树脂与黄白色木质相间的斑纹。

沉香木树果实

1.6 沉香的药理作用

沉香种类较多，而且很珍贵，有较好的药用价值。《本草纲目》记载沉香有强烈的抗菌效能，香气入脾，清神理气，补五脏，止咳化痰，暖胃温脾，通气定痛，能入药，是上等极品药材。主要用于治疗胸腹胀闷疼痛、胃寒呕吐呃逆、肾虚气喘等病症。

1.7 沉香的经济价值及用途

首先，沉香是珍贵的香料。沉香中提取的香精，是一种名贵香料，在香料中占据很高的地位。用沉香制成的粉末和线香，常作为重要宗教熏香用品；沉香可做药；沉香树的种子含高油脂，可制作肥皂和润滑油；沉香木和差的沉香可制作沉香珠手链和制作合成沉香工艺品。

越南河静沉香木树花　　　　　　　　越南河静沉香木树叶

越南河静沉香木树叶　　　　　　　　越南河静沉香木树叶

越南河静沉香木木材及沉香

越南奇楠沉香手链

越南河静沉香木木材及沉香

越南奇楠沉香

越南人工合成沉香工艺品

越南奇楠沉香

第8章 檀香木及制品

檀香木全树

1.1 檀香木

中文学名	科名	属名	拉丁文名	俗称
檀香木	檀香(Santalaceae)	檀香(Santalum)	Sandalwood	白檀、檀香

1.2 形态特征

树——檀香木为常绿寄生小乔木，树高5~10米。

皮——树皮褐色，粗糙成浅纵裂，树皮中厚，不易剥离。

叶——叶对生，长椭圆形或长卵形，基部楔形，全缘，无毛，叶柄短。

花——圆锥形花序腋生和顶生，花小，多数始为淡黄色，后变为红紫色。

果——核果球形，成熟时黑色，种子圆形，光滑，有光泽。

檀香木树干

1.3 木材特征

颜色——芯边材区别不明显，边材白色，芯材金黄色至浅黄褐色。

纹路——纹路少，不明晰。

生长轮——不明显。

气味——极具奇香。

气干密度——木材含水率12%时，气干密度$0.95g/cm^3$~$1.08g/cm^3$。

其他特性——收缩变形极小，不易翘裂，香油性极高，手摸会留下久久的奇特芳香。

檀香木嫩树叶

檀香木树叶反面

檀香木树叶

1.4 檀香木分布及种类

檀香木又是名贵香料、药材。其有用部分是具有特别芳香的芯材和从芯材中提取的檀香油。檀香木主要分布在印度、印度尼西亚、澳大利亚及太平洋的一些群岛。现在被承认的有16种、15个变种。

檀香木最初是指从印度尼西亚和印度输入我国的印度尼西亚白檀或印度老山檀香两种。18世纪后，欧洲人先后在澳大利亚和太平洋诸岛发现了檀香属的其他种类檀香并大量采伐投入市场，"檀香"一名也就逐渐成为了檀香属植物的多种檀香的统称。如有产自澳大利亚的大果澳洲檀香、大花澳洲檀香，产自美洲的美国夏威夷海滨的夏威夷檀香及斐济檀香等。

檀香树生长极其缓慢，通常要数十年才能成材，是世界上生长最慢的树种之一，成熟的檀香树高达十米左右。檀香树根系浅，主根不明显，侧根发达，呈水平分布，根端具有吸盘，吸附于寄生植物根上，吸收寄生植物的水分、无机盐和其他营养物质。檀香树非常娇贵，在幼苗期必须寄生在洋金凤、麻楝、凤凰树、红豆、相思等树种和植物上才能成活。因而檀香的产量很受限制，人们对它的需求量又很大，从古至今，它一直都是既珍稀又昂贵的木材。檀香至少要30年以上的树龄才能达到采集销售的标准。檀香还可以提取檀香油——檀香精油，世界公认最好的檀香精油，产自印度的迈索尔邦。

檀香的种类较多，产自印度的老山檀香为上乘之品；印度尼西亚、澳大利亚及太平洋群岛产的檀香较差一些。印度檀香木的特点是其色白偏黄，油质大，散发的香味恒久。而澳大利亚、印度尼西亚等地所产檀香其质地、色泽、香度均比印度产的逊色。老山檀香新砍伐时，近闻常常有刺鼻的香味和特殊的腥香味，存放几十年或上百年后，香味非常湿润醇和，这种檀香是檀香中的极品。而砍伐之后就使用的称为"柔佛巴鲁檀香"，这种檀香品质较差。

檀香木细分可分为四类：

1.**老山香**：也称白皮老山香或印度香，香气醇正，是檀香木中之极品。

2.**新山香**：产于澳大利亚，香气较弱。

3.**地门香**：产于印度尼西亚及现在的东帝汶。

4.**雪梨香**：产于澳大利亚或周围南太平洋岛国的檀香木。

檀香木按颜色又可分为白檀、黄檀、紫檀等品类。木色白者为白檀，木色黄者为黄檀，木色紫者为紫檀。檀香木愈近树芯和愈近根部，材质愈好愈值钱。

1.5 檀香木主要价值和用途

1. 药用价值

檀香是重要的中药材，历来为医家所重视，谓之："辛、温；归脾、胃、心、肺经；行心温中，开胃止痛。"外敷可以消炎去肿，滋润肌肤；熏烧可杀菌消毒，驱瘟避疫。能治疗喉咙痛、粉刺、抗感染、抗气喘。有调理敏感肤

印度老山檀香

印度老山檀香碎粉末

印度老山檀香工艺品

质，防止肌肤老化的功效。从檀香木中提取的檀香油在医药上也有广泛的用途，具有清凉、收敛、强心、滋补、润滑皮肤等多重功效，可用来治疗胆汁病、膀胱炎、淋病以及腹痛、发热、呕吐等病症，对龟裂、黑斑、蚊虫咬伤等症特别有效，自古以来就是医治皮肤病的重要药品。一些檀香的果实通过医学试验证明含有对癌细胞生长有抑制作用的物质，可以作为抗癌药品。

2. 工艺品

檀香木雕刻出来的工艺品更可谓珍贵无比。檀香木置于橱柜之中有熏衣的作用，能使衣物带有淡淡的天然高贵的香味，古人认为能驱邪避邪。

檀香木（芯材）是名贵的精细工艺品和木雕的优良材料，其质地坚实，纹理致密均匀，耐腐朽抗白蚁危害，质量仅次于象牙，可以制成各种手工艺品，多用于雕刻佛像、人物，还可制作檀香扇、珠宝箱、首饰盒等。檀香木极其珍贵，品质好的印度檀香现在已达到13000元/千克~18000元/千克以上。檀香木常作为高级家具镶嵌和雕刻等用材。

3. 其他用途

檀香在印度被称作"绿色金子"，在澳大利亚被誉为"摇钱树"。首先檀香是世界公认的高级香料植物，檀香木蒸馏提取檀香油——精油，主要用于香料工业。它不仅具有独特的香味，而且可与各种香料混合，使其他易于挥发的精油的香味更稳定持久，用檀香木制成的各种宗教用品更是很多宗教活动中的上乘佳品，市场供不应求。檀香木屑可制成香囊或置于衣箱、橱柜中熏香衣物。檀香木粉末大量用于制作线香和盘香，除用于寺庙各种宗教仪式外，也用于日常家居净化空气和增加香气。而且，随着科学技术的发展，利用檀香还能生产出许多高附加值的产品，如人们喜爱的檀香皂、檀香系列洗涤用品等。印度尼西亚还研制出檀香系列香烟，在市场上很畅销，而澳大利亚的一些科学家正试验利用檀香果实生产保健食品和饮料。

第9章 柚木及制品

缅甸瓦城柚木全树

1.1 柚木

中文学名	科名	属名	拉丁文名	俗称	产地
柚木	马鞭草(Verbenaceae)	柚木属	Tectona grandis L.F	泰柚，瓦城柚木，腊戌柚木	东南亚的缅甸、老挝、泰国、印度尼西亚和非洲的尼日利亚

1.2 形态特征

缅甸瓦城柚木幼树叶

缅甸瓦城柚木果实

树——落叶或半落叶大乔木，树干圆满通直，高40米左右，胸径1米左右。树干底部多扁或不规则，上圆直。小枝四菱形，具土黄色绒毛。

皮——树皮暗灰褐色，厚1厘米左右。易条状剥离，表皮粗糙。

叶——叶交互对生，厚纸质，倒卵形，广椭圆形或圆形，长30~40厘米，最大可达60~70厘米，宽20~30厘米；上面绿色，多数粗糙，主侧脉及网脉于下面凸起，密布星状或分叉，有紫色小点，幼叶黄红色，深浅不一。

花——圆锥花序顶生或腋生，花梗方形；花序阔大，花芳香，花白黄色，秋季开花。

果——坚果，近球形，长1.5~2.5厘米，直径1.8~2.2厘米，藏于不同形状由花萼发育成的种苞内，有内核且壳硬，壳内略有蜡质状，内有种子1~2粒，个别稀有的有3~4粒。

缅甸瓦城柚木树花、树果

缅甸瓦城柚木制作的实木楼梯

缅甸瓦城柚木制作的实木门

缅甸瓦城柚木树林

缅甸瓦城柚木制作的家具

1.3 木材特征

颜色——芯边材区别明显，边材白色，芯材金黄色至黄褐色。

纹路——深褐或栗黑色条纹，纹理颇直。纹路少数有波浪纹和山水纹。上等柚木金黄色中显黄褐至褐黑纹路，密度较大，多数能达到0.66g/cm³以上。缅甸瓦城柚木黄褐至黑褐纹路较多，缅甸腊戍柚木黄褐至黑褐纹路较少，甚至没有。

缅甸腊戍柚木原木

缅甸腊戍柚木原木截面

生长轮——明显。

气味——新切面、截面有较大的辛焦煳味。

气干密度——木材含水率12%时，气干密度0.46g/cm³~0.69g/cm³。

其他特性——收缩变形极小，不易翘裂，油性极高，手摸板面后手上会留下较多的柚木油。

1.4 分布及种类

柚木主要产于缅甸、泰国、印度尼西亚、老挝，非洲尼日利亚也有分布。但缅甸的柚木无论数量和质量都无可争议地独占世界鳌头，被缅甸政府列为"国宝"，素有缅甸"树王"之称。

缅甸瓦城柚木制作的拼板地板

缅甸腊戍柚木制作的地板

缅甸瓦城柚木毛坯地板

缅甸瓦城柚木枋材

缅甸瓦城柚木切面

缅甸腊戌柚木切面

缅甸的柚木以区域可分为两类：

一类是下缅甸以瓦城柚木为代表的"瓦城料"，又称"泰柚"或"紫柚"。"泰柚"实际上不来自泰国，泰国近三十年来一直禁止砍伐柚木，从泰国出口的柚木实际上就是缅甸中部、东部的转口柚木。

另一类是上缅甸以腊戌柚木为代表的"腊戌料"，又称"金柚"。这两类柚木所生长的土壤、气候、海拔以及树龄均有差异，从纹路、色泽到木质都有差别，价格也有一定的悬殊。最好即

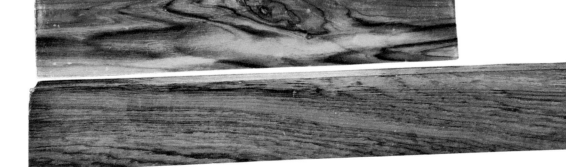

此图从上到下，依次为：印度尼西亚柚木、老挝柚木、非洲尼日利亚柚木、缅甸瓦城柚木。

"瓦城料"，但腊戌柚木也是较好的柚木，比印度尼西亚和非洲尼日利亚柚木好得多。柚木具有极好的防腐性和防浸泡性，收缩变形极小，油脂较多，有防虫、防酸碱的特点，颜色金黄，有富丽堂皇感。

世界上的柚木按品质分为四类：

1. **"紫柚"**：主要产自泰国和缅甸交界地区。业内称为"泰柚"或"瓦城柚木"（也叫"瓦城料"），"紫柚"油性大，黑经纹路多，木质硬度大，颜色深黄褐，是柚木中之极品，切片料接近每立方米10万元。

2. **"金柚"**：主要分布在缅甸北部的腊戌和八莫等地。业内称为"金柚"或"腊戌柚木"（也称"腊戌料"），"金柚"油性也大，黑经纹路少或无，木质硬度大，颜色金黄，也是柚木中之极品，切片料接近每立方米8万元。

缅甸瓦城柚木制作的圈椅半成品

3. **"白柚"**：主要产自印度尼西亚。业内称为"白柚"或"印尼柚木"（也称"印尼料"），"白柚"油性小，黑经纹路少或无，木质硬度中等，颜色白黄，为中等柚木。

4. **"糠柚"**：主要来自非洲尼日利亚地区。业内称为"糠柚"或"尼日利亚柚木"（也称"非洲柚木"），"糠柚"几乎没有油性，有黑经纹路，木质较疏松，颜色黄白，是最差的柚木，最好的"糠柚"也没有云南的红西南桦价格高。

1.5 柚木主要用途

市场上也有用柚木制作的欧式家具，由于柚木木质相对疏松，密度小，性脆，韧性及硬度不够，即便是缅甸的柚木也很不适合做家具。现在市场上出现了很多用非洲尼日利亚柚木制作的欧式家具，卖价还超过了高等红木家具。黑心商家往往欺骗性地把非洲柚木称为"老柚木"或"泰柚"，这类家具的木质极差，还没有云南红西南桦的木质好，价格也只是云南红西南桦的一半左右。

柚木中含有芦丁、吉非罗齐和高铁质，对心血管疾病有特殊疗效。缅甸柚木历经数百年不腐、不开裂、不变形、不变色，非常适宜制作地板、实木门、楼梯和其他家装用材。缅甸柚木呈金黄色带褐色纹路的属于高贵色泽，极富装饰效果，世界上的军舰、豪华游艇的内部装潢主要以缅甸瓦城柚木为主。用柚木做家装，被称为世界上的"顶级装潢"。缅甸柚木硬度适中，收缩小，耐浸泡，有弹性，较舒适，脚感极好，是制作实木地板之顶级木材。

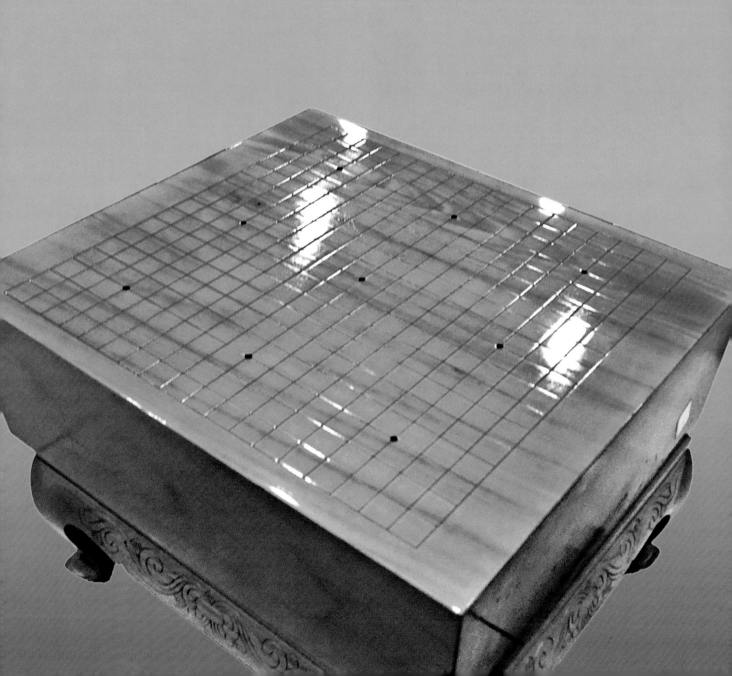

1.1 香榧木

中文学名	科名	属名	拉丁文名	俗称	产地
香榧木	红豆杉属	榧树	Torreya grandis Fort. Ex Lindl.	榧木、香榧、玉榧	缅甸北部, 我国云南西南部和浙江诸暨等地

云南怒江直径为2.5米的香榧木树干

香榧木切面

1.2 形态特征

　　树——常绿乔木，我国原产树种，是世界上稀有的经济树种。 高可达35米，树干端直，树冠卵形，胸径达1米以上。冬芽褐绿色，常三个集生于枝端。

香榧木树枝

香榧木树枝

　　皮——树皮厚度中等（6毫米），具木栓层，质松软，不易剥离。外皮浅灰褐色光滑。老时浅纵裂，窄条状，内皮浅黄色，石细胞不见，韧皮纤维发达。

　　叶——枝长约15厘米，叶宽约0.5厘米，叶长约4~5厘米，为条状形。

　　花——雄球花单生于叶腋，雌球花的胚珠单生于花轴上部侧生短轴的顶端，花大多为白色，花期3~4月份。

香榧木树干

香榧木树枝

香榧木幼树

香榧木早期花蕾

　　果——果核呈椭圆形，似橄榄，两头尖。外有硬壳包裹，初期外皮绿色，成熟后干果壳变为黄褐色或紫褐色。大小如橄榄，种实为黄白色。富有油脂和奇香味，其果既是美食又是良药。种子为假种皮所包被，假种皮淡紫红色，被白粉，种皮革质，淡褐色，具不规则浅槽，果熟翌年9月。

香榧木树叶正面和干果

香榧木树叶反面

1.3 木材特征

颜色——芯边材区别略明显，边材黄白色，芯材鲜黄色，光泽弱。初解料为黄色，然后逐渐变为黄红色。

纹路——纹理细密顺直，纹路不明显。

生长轮——生长轮明晰，局部呈微波形，宽窄不一，每厘米3~4轮。

气味——略带苦杏气味，味苦。

气干密度——木材含水率12时，气干密度0.56g/cm^{3}左右。

其他特性——结构中，木材软、轻，强度低至中，品质系数高。加工和旋刨性好，耐腐和耐水浸泡。

香榧木果实

香榧木果实

香榧木早期带青皮果实

1.4 香榧木用途

适宜装饰、雕刻工艺品等。大面为径切直纹为佳，为日本及中国古代制作围棋棋盘的首选木材。

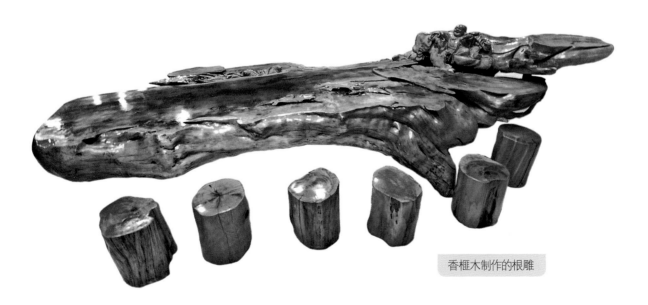

香榧木制作的根雕

香榧木制作的根雕

香榧木制作的根雕

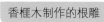

香榧木制作的工艺品

香榧木制作的棋盘

红豆杉及制品

第 11 章

云南怒江生长的红豆杉全树

1.1 红豆杉

中文学名	科名	属名	拉丁文名	俗称	产地
红豆杉	红豆杉	红豆杉	Taxus mairei	西南红豆杉、紫金杉、紫杉、赤柏松	缅甸北部和我国云南、西藏、四川、广西等。云南主要分布丽江、怒江、迪庆和景东、镇康、云龙等地。

树叶正面

树叶反面

红豆杉树叶

红豆杉树干

1.2 形态特征

树——红豆杉是常绿乔木，小枝秋天变成黄绿色或淡红褐色，树高30米左右，胸径1米以上。属浅根植物，其主根不明显，侧根发达，树干截面近圆形。

皮——树皮薄（4毫米），质硬，不易剥离，外皮浅灰褐色，薄片或狭条状脱落，内皮黄褐色。石细胞不见，韧皮纤维发达，层状。

叶——叶螺旋状互生，叶片条状。

花——雄球花单生于叶腋，雌球花的胚珠单生于花轴上部侧生短轴的顶端，红色，花期2~3月份。

果——种子可用来榨油，也可入药。种子有2棱，种卵圆形，假种皮杯状，红色。

红豆杉花蕾及果实

1.3 木材特征

颜色——具强光泽，芯边材区别明显，边材浅黄褐色，芯材浅黄红褐色。

纹路——红色纹路多，有交叉纹，有条纹，也有山水纹和云纹。

生长轮——生长轮很明晰，宽度不匀，呈波浪形曲折，间有伪年轮出现，每厘米4~20轮不等。

气味——微香，微苦。

气干密度——木材含水率12%时，气干密度0.6g/cm³左右。

其他特性——结构甚细，均匀，重量硬度中，髓实心。收缩变形小，不易翘裂。木射线细，内含树脂，强度中或低，干燥性好，加工性好，易车旋，切面光滑平整，油漆、胶黏性好，握钉力强，耐腐，耐水浸。

红豆杉首饰盒

红豆杉木纹切面

红豆杉茶杯

1.4 红豆杉用途

高级家具、工艺品、文具、玩具、室内装饰、手杖、乐器材、地板材、水下或室外用材、胶合板等。芯材浸泡可提取染料。根部可制根雕。

1.5 红豆杉药用价值

茎、枝、叶、根可入药。主要成分含紫杉醇、双萜类化合物，有抗癌功能，并有抑制糖尿病及治疗心脏病的效用。经权威部门鉴定和相关报道，中国境内的红豆杉在提取紫杉醇方面具有一定的含量，尤其以生长环境特殊的东北红豆杉含量最高。独特的气候条件有利于植物体内物质的沉积，如果把东北红豆杉适当南迁可改善生长环境，有利于体内有效成分的合成，提高含量和品质。

红豆杉根雕

第12章 黄杨木及制品

1.1 黄杨

中文学名	科名	属名	拉丁文名	俗称	产地
黄杨	黄杨	黄杨	Buxussinica（Rehd.etWils.）Cheng	小黄杨、雀嘴黄杨、珍珠黄杨、豆瓣黄杨、大叶黄杨	我国安徽、陕西、广西、四川、云南、浙江、贵州、甘肃等地。

小黄杨树干

大黄杨树干

大黄杨树干

大黄杨树干

1.2 形态特征

树——常绿灌木或小乔木，高可达4~8米。树干短小而不规则。

皮——灰褐色，略粗糙，碎纸皮状。

叶——枝叶攒簇上耸，叶似初生槐芽。叶革质，卵状椭圆形或长圆形，大多数长1.5~3.5厘米，宽0.8~2厘米，先端圆或钝，常有小凹口，不尖锐，基部圆或急尖或楔形，叶面光亮，中脉凸出，下半段常有微细毛，侧脉明显，叶背中脉平坦或稍凸出，中脉上常密被白色短线状钟乳体，全无侧脉，上面被毛。

小黄杨工艺品

花——花序腋生，头状，花密集，花序轴长3~4毫米，被毛，苞片阔卵形，长2~2.5毫米，背部多少有毛；雄花：约10朵，无花梗，外萼片卵状椭圆形，内萼片近圆形，长2.5~3毫米，无毛，雄蕊连花药长4毫米，不育雌蕊有棒状柄，末端膨大，高2毫米左右（高度约为萼片长度的2/3或和萼片等长）；雌花：萼片长3毫米，子房较花柱稍长，无毛，花柱粗扁，柱头倒心形，下延达花柱中部。花期3月份。

果——蒴果近球形，长6~8厘米，宿存花柱长2~3厘米。果嫩时呈浅绿色，向阳面为褐红色，种子近圆球形，11月份成熟，成熟时果皮自动开裂。果期5~6月份。

小黄杨树枝树叶

大黄杨嫩叶

1.3 木材特征

颜色——芯边材区别不明显，边材白色，芯材蛋黄色和象牙色。

纹路——木质细腻，纹理细密，纹路不明显。

生长轮——不明显。

气味——新切面带有清香味。

气干密度——木材含水率12%时，气干密度0.93g/cm^3~1.19g/cm^3。

大黄杨花蕾

其他特性——生长慢，耐修剪，抗污染。收缩变形小，不易翘裂。黄杨木质坚硬柔韧，很重，质地极细腻，光滑润洁，木色呈淡黄色，似象牙，因此又有"象牙黄"和"象牙木"之称，上等木料色如蛋黄。黄杨分为小叶黄杨、大叶黄杨和白杨三种。其中小叶黄杨生长较慢，木质最重最黄，是上品黄杨。砍伐黄杨木极为讲究，唐代段成式《酉阳杂俎》记载："世重黄杨木以其无火也，用水试之，沉则无火。凡取此木，必寻隐晦夜无一星，伐之则不裂。"

大黄杨树枝树叶 　　　　　　　　　　　　　　大黄杨树枝树叶反面

1.4 黄杨用途

　　黄杨木是非常珍稀的木材，由于生长极为缓慢，难成大料，难以制作大型家具。其木质坚韧，色泽艳丽，故多作镶嵌雕刻。明代及清前期制作的家具，黄杨是作为重要辅料来使用。明清家具上有很多镶嵌了黄杨贴雕，起到了画龙点睛、锦上添花的奇效。黄杨多数镶嵌在深色紫檀木家具上，颜色对比强烈，十分美观。南方沿海一带，镶嵌箱盒类家具。如制作窗心雕花和木框之类的挂匾雕饰也多选用黄杨。黄杨适宜刻雕小型陈设品、制作木梳或文房用具，所用黄杨以直而圆且无节疤者为佳，制成的木雕古朴雅致，年代愈久，色泽愈深。

小黄杨树叶反面（左）　　　　　　　小黄杨树叶正面（左）
大黄杨树叶反面（右）　　　　　　　大黄杨树叶正面（右）

1.1 黑心楠

中文学名	科名	属名	拉丁文名	俗称	产地
黑心楠	樟科	楠属	Phoebe zhennan S. Lee et F.N.Wei	金丝楠、黑心楠、金丝柚、黑心木莲	缅甸北部、我国南方诸省均有分布

 1.2 形态特征

　　树——常绿大乔木，高可达30米，直径1米，树干直，枝下树干高15米。幼枝有棱，被黄褐色或灰褐色柔毛，2年生枝黑褐色，无毛。

　　皮——树皮中厚，外皮灰褐色，不规则浅裂，呈碎片块状脱落，皮孔圆形，内皮黄褐色。

　　叶——叶长圆形，叶革质，长圆状倒披针形或窄椭圆形，长5~11厘米，宽1.5~4厘米，先端渐尖，呈镰状，基部楔形，上面光亮无毛，沿中脉下半部有柔毛，侧脉约14对。叶柄纤细，被黄褐色柔毛。

云南盈江黑心楠树根　　　　　　　　　　　　云南盈江黑心楠树干

　　花——圆锥花序腋生，被短柔毛；花被裂片6片，椭圆形，近等大，两面被柔毛；发育雄蕊9枚，被柔毛，花药4室，第3轮的花丝基部各具1对无柄腺体，被柔毛，三角形；雌蕊无毛，子房近球形，花柱约与子房等长，柱头膨大。花期5~6月份。

　　果——果序被毛；核果椭圆形或椭圆状卵圆形，成熟时黑色，花被裂片宿存，紧贴果实基部。果期10~11月份。

 1.3 木材特征

　　颜色——芯边材区别明显，边材白色，芯材金黄色至黄褐色。

　　纹路——深褐或栗黑色条纹，纹理斜或交错，板面漂亮。纹路直的多。

　　生长轮——明显。

云南盈江黑心楠全树

气味——微涩辛辣味。

气干密度——木材含水率12%时，气干密度0.45g/cm³~0.65g/cm³。

1.4 其他特性

黑心楠为我国特有，是驰名中外的珍贵用材树种。黑心楠又是濒危树种，国家 II 级重点保护野生植物（国务院1999年 8 月 4 日批准）。收缩变形小，不易翘裂，无油性。结构甚细、均匀，重量、硬度、强度为中等，云南、四川有大量天然分布，是构成常绿阔叶林的主要树种。由于历代砍伐使用，致使这一丰富的森林资源近于枯竭。现存多系人工栽培的半自然林和风景保护林，在庙宇、公园、庭院等处尚有少量的大树，但病虫害较严重，也相继衰亡。

黑心楠材质优良，用途广泛，是黑心楠属中经济价值较高的一种，又是著名的庭园观赏和城市绿化树种。黑心楠是一种高档木材，其色浅褐黄，纹理淡雅文静，质地湿润柔和，收缩性小，遇雨有阵阵幽香。南方诸省均产。明代宫廷曾大量伐用。现北京故宫和天安门以及很多上乘古建筑多用黑心楠构筑。

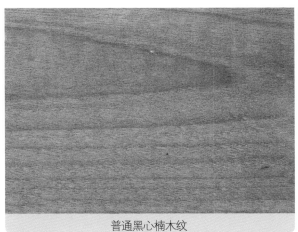
普通黑心楠木纹

高级黑心楠瘤结纹

高级黑心楠玻璃底,瘤结纹

高级黑心楠瘤结纹

1.5 黑心楠种类

楠木树种很多,一般按颜色可分为三类:

即黑楠木、黄楠木和白楠木。黑楠木叫黑心楠或黑心木莲,黄楠木叫黄心楠或黄心木莲,白楠木叫白心楠或白心木莲。

黑心楠是楠木中的上品。最好的是来自缅甸北部靠近我国云南省陇川和盈江一带的黑心楠,树龄在120年以上。在云南木材市场的常用商品名称中有黑心木莲、黑心楠之称。因其面板颜色近似柚木,故在上海、广州、北京一带木材市场中被冠名为"金丝柚"。目前我国南方人工种植最多的是普文楠。

云南盈江黑心楠树叶正和反面

1.6 黑心楠用途

　　木质中硬耐腐，寿命长，用途广泛。属一类商品材，适用于建筑、高级家具、船舶、车厢、室内装饰、胶合板、军工用材等。

黑心楠原材截面

黑心楠半成品地板

黑心楠枋材

黑心楠地板毛坯

黑心楠独板大茶桌

最新十二种非红木和亚红木的学名、俗称、产地及价格参考表

序号	学名	俗称	产地	价格（万元）/m³
1	斯图崖豆木	黄鸡翅木	东南亚、非洲	0.4~0.55
2	维腊木	绿檀香、玉檀香	巴拉圭	0.5~0.7
3	—	干些、嘎（得央）	越南	0.3~0.4
4	红西南桦	桦桃木、樱桃木	云南	0.5~0.6
5	非洲紫檀	红花梨	非洲	0.4~0.5
6	安哥拉紫檀	高棉花梨	非洲	0.4~0.5
7	红皮铁树	非黄、猪屎木	非洲	0.3~0.45
8	古夷苏木	巴花	非洲	0.6~0.8
9	红铁木豆、铁线子、胶漆树	小叶红檀、大叶红檀、大漆树	非洲、东南亚	0.6~0.8
10	褐榄仁、爱里古夷苏木	黑檀、黑紫檀	东南亚、非洲	0.4~0.5
11	螺穗木	非洲檀香木	非洲	0.5~0.8
12	伯克苏木	非洲酸枝、红贵宝、南美酸枝、巴厘桑、可乐豆	非洲	0.5~0.8

最新三十三种国标红木学名、俗称、产地及价格参考表

序号	学名	俗称	产地	价格（万元）/m³
1	檀香紫檀	小叶紫檀、金星金丝紫檀、牛毛纹紫檀、紫檀、血檀	印度南部（迈索尔邦）	70~120
2	越柬紫檀	花梨木、草花梨	越南、柬埔寨	2~3.5
3	安达曼紫檀	花梨木	印度、安达曼群岛	0.8~2
4	刺猬紫檀	非洲花梨木	热带非洲	0.7~1.3
5	印度紫檀	花梨木	印度、菲律宾	0.8~1.8
6	大果紫檀	花梨木、草花梨	缅甸、老挝	1.2~2.5
7	囊状紫檀	花梨木	印度	0.8~1.8
8	鸟足紫檀	花梨木	泰国、老挝	1~2.3
9	降香黄檀	海南黄花梨、越南黄花梨	中国海南、越南	200~1300
10	刀状黑黄檀	缅甸黑酸枝、老挝黑酸枝	缅甸、老挝	4~5
11	黑黄檀	柬埔寨黑酸枝、黑酸枝、老挝黑檀、黑酸枝	柬埔寨、老挝、中国西双版纳	2~4
12	阔叶黄檀	印尼黑酸枝	印尼	2.5~4.5
13	卢氏黑黄檀	大叶紫檀、马达加斯加黑酸枝	非洲马达加斯加	10~18
14	东非黑黄檀	黑紫檀、紫光檀	东非	9~16
15	巴西黑黄檀	黑紫檀、乌檀	巴西	2~4
16	亚马孙黑黄檀	美洲黑酸枝	巴西	2~4
17	伯利兹黑黄檀	伯利兹黑酸枝	中美洲	2~4
18	巴里黄檀	老挝红酸枝、紫酸枝、花酸枝	老挝、柬埔寨	3~5
19	赛川黄檀	美洲红酸枝	巴西	1.9~2.8
20	交趾黄檀	老红木、大红酸枝	老挝、越南、柬埔寨	7~18
21	绒毛黄檀	美洲红酸枝	巴西	2.9~3.9
22	中美洲黄檀	墨西哥红酸枝	墨西哥	1.9~2.8
23	奥氏黄檀	缅甸白酸枝、黄酸枝、花酸枝	缅甸、老挝	2~3.5
24	微凹黄檀	南美红酸枝	南美洲	3~5
25	乌木	黑檀、黑紫檀	缅甸、印度、斯里兰卡	3~5

序号	学名	俗称	产地	价格（万元）/m³
26	厚瓣乌木	非洲黑檀	西非	2~3
27	毛药乌木	菲律宾黑紫檀	菲律宾	3~4
28	蓬赛乌木	菲律宾黑紫檀	菲律宾	3~4
29	苏拉威西乌木	印尼黑紫檀	印尼	3~4
30	菲律宾乌木	菲律宾黑紫檀	菲律宾	3~4
31	非洲崖豆木	非洲黑鸡翅木	非洲	0.6~0.9
32	白花崖豆木	缅甸黑鸡翅木、丁纹木	缅甸	1.2~2.5
33	铁刀木	红豆木、黄鸡翅木	中国、东南亚	0.6~0.8

《红木》国家标准（节选）

二科	豆科、柿树科
五属	紫檀属、黄檀属、柿属、崖豆属、铁刀木属
八类	紫檀木、花梨木、香枝木、黑酸枝木、红酸枝木、乌木、条纹乌木、鸡翅木
三十三种	降香黄檀、檀香紫檀、刀状黑黄檀、阔叶黄檀、黑黄檀、卢氏黑黄檀、东非黑黄檀、巴西黑黄檀、亚马孙黑黄檀、伯利兹黑黄檀、交趾黄檀、巴里黄檀、奥氏黄檀、微凹黄檀、赛川黄檀、绒毛黄檀、中美洲黄檀、越柬紫檀、大果紫檀、印度紫檀、安达曼紫檀、刺猬紫檀、囊状紫檀、鸟足紫檀、乌木、厚瓣乌木、毛药乌木、蓬赛乌木、苏拉威西乌木、菲律宾乌木、白花崖豆木、非洲崖豆木、铁刀木

最新世界珍稀木材原材参考价

树种（学名）	俗称	原材价（元/吨）	
		短料综合价	长料面料综合价
沉香木	沉香木	2500	3500
沉香	沉香、奇楠沉香、水沉香、土沉香	1000元/克-8000元/克	-
檀香木	檀香	8000000-18000000	-
柚木	泰柚、老柚木	15000	60000
红豆杉	紫金杉	30000	70000
香榧木	榧木	30000	80000
黄杨	小黄杨、大黄杨	7000	20000
黑心楠	金丝楠	3000	4000

　　本书的参考文献使用《中国国标红木家具用材》175页的参考文献和《中国国标红木家具》209页的参考文献。

图书在版编目（ＣＩＰ）数据

世界珍稀木材与制品鉴赏 ／ 杨文广编著. —— 昆明 ：
云南美术出版社，2015.6
ISBN 978-7-5489-1839-4

Ⅰ．①世… Ⅱ．①杨… Ⅲ．①木材－鉴赏－世界②木
家具－鉴赏－中国 Ⅳ．①S781②TS666.2

中国版本图书馆CIP数据核字(2014)第307564号

责任编辑：张文璞　高剑坤　肖　超
装帧设计：凤　涛
校　　对：胡国泉　陈春梅　李江文

世界珍稀木材与制品鉴赏

杨文广　编著

出版发行：云南出版集团　云南美术出版社
制　　版：昆明凡影图文艺术有限公司
印　　刷：昆明富新春彩色印务有限公司
开　　本：889mm×1194mm　1/16
印　　张：16.5
版　　次：2015年6月第一版
印　　次：2015年6月第一次印刷
印　　数：1~1 500
ISBN 978-7-5489-1839-4
定　　价：198.00元